V

DESCRIPTION
DES MACHINES

LES PLUS REMARQUABLES ET LES PLUS NOUVELLES

A L'EXPOSITION DE VIENNE

EN 1873

MOTEURS — MACHINES-OUTILS
LOCOMOTIVES — APPAREILS DIVERS

PRÉCÉDÉE D'UNE NOTICE

SUR LES PROGRÈS RÉCENTS DE LA MÉTALLURGIE

PAR

HIPPOLYTE FONTAINE

ANCIEN ÉLÈVE DE L'ÉCOLE D'ARTS ET MÉTIERS DE CHALONS-SUR-MARNE

ATLAS

PARIS
LIBRAIRIE POLYTECHNIQUE DE J. BAUDRY, ÉDITEUR
15, RUE DES SAINTS-PÈRES
MÊME MAISON A LIÉGE

1874

DESCRIPTION
DES MACHINES

LES PLUS REMARQUABLES ET LES PLUS NOUVELLES

A L'EXPOSITION DE VIENNE

EN 1873

MOTEURS — MACHINES-OUTILS
LOCOMOTIVES — APPAREILS DIVERS

PRÉCÉDÉE D'UNE NOTICE

SUR LES PROGRÈS RÉCENTS DE LA MÉTALLURGIE

PAR

HIPPOLYTE FONTAINE

ANCIEN ÉLÈVE DE L'ÉCOLE D'ARTS ET MÉTIERS DE CHALONS-SUR-MARNE

ATLAS

PARIS
LIBRAIRIE POLYTECHNIQUE DE J. BAUDRY, ÉDITEUR
15, RUE DES SAINTS-PÈRES
MÊME MAISON A LIÉGE

1874

TABLE DES PLANCHES

31. Croquis de machines verticales.
32. Régulateurs divers.
33. Chaudière Meyer.
34. Chaudière Bergmann.
35. Chaudières Cater, Ransomes et Davey-Paxman.
36. Chaudière Belleville. (Modèle de 1872.)
37. Moteurs Schmid.
38. Moteurs Hippolyte Fontaine.
39. Moteurs Frédéric Siemens.
40. Turbines Thime.
41. Pompes centrifuges.
42. Pompes et puits Eugène Prunier.
43. Turbines Nagel et Kaemp.
44. Locomotive Belpaire.
45. Locomotives Fives-Lille, Umrath et Mayer.
46. Locomotive Schwartzkopff.
47. Locomotives Kœchlin et Haswell.
48. Wagon en fer de la Société générale d'exploitation belge.
49. Wagon-lit. — Roues. — Boîtes à graisse.
50. Plaque tournante Hohnegger. — Chariot Zimmermann.
51. Signal électrique Hohnegger.
52. Sifflet automoteur Lartigue et Forest. — Flèche de grue.
53. Pont Moreaux sur le Danube, à Vienne.
54. Rectification du Danube à Vienne.
55. Phares, projecteur et cabane de port.
56. Réservoir d'eau de l'Exposition.
57. Treuil Mégy, de Echeverria et Bazan.
58. Ascenseur Mégy, de Echeverria et Bazan.
59. Essoreuse et régulateur d'alimentation de Buffaud frères.
60. Croquis divers.

Paris. — Typographie A. Hennuyer, rue du Boulevard, 7.

EXPOSITION UNIVERSELLE DE VIENNE _ 1873

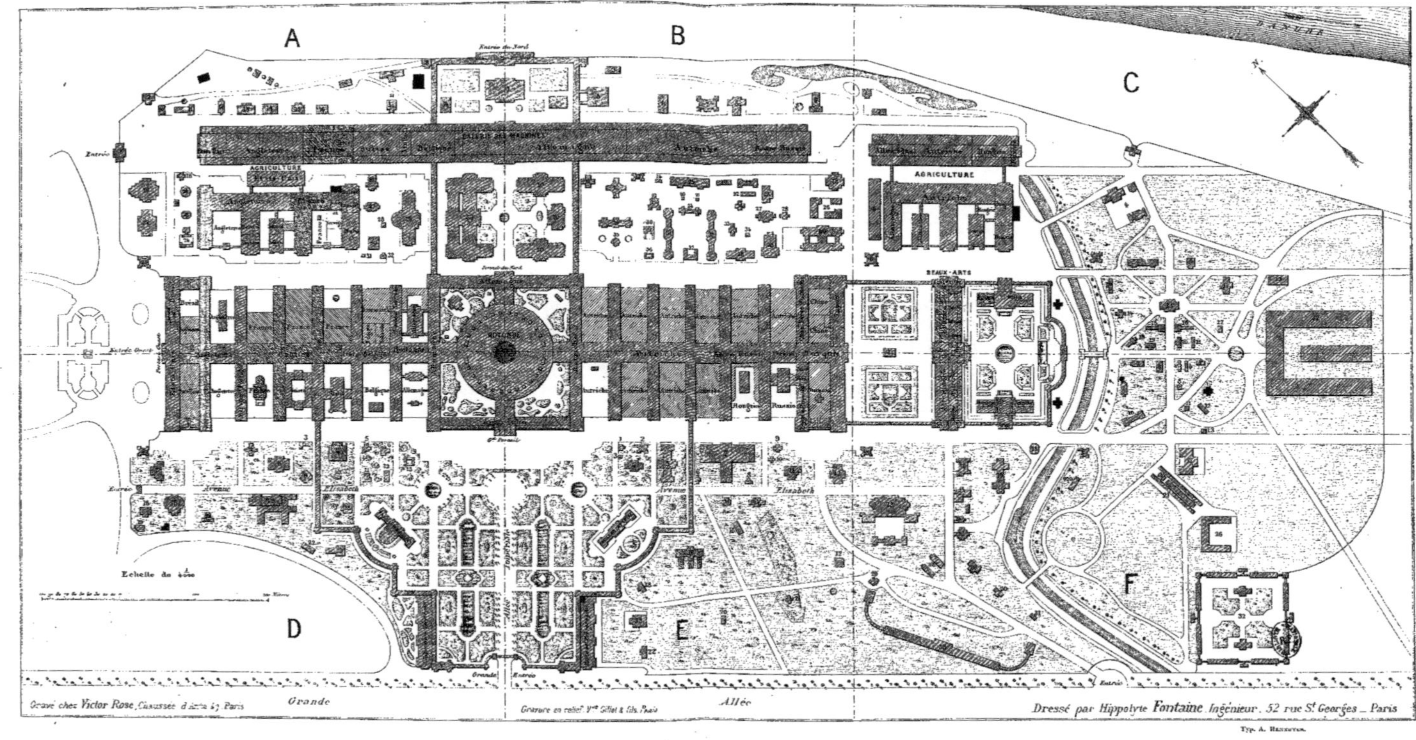

Gravé chez Victor Rose, Chaussée d'Antin 67, Paris

Gravure en relief Vve Gillot & fils, Paris

Dressé par Hippolyte Fontaine, Ingénieur, 52 rue St Georges _ Paris

Typ. A. Hennuyer.

VUE EXTÉRIEURE DE LA ROTONDE.

Galerie des machines.

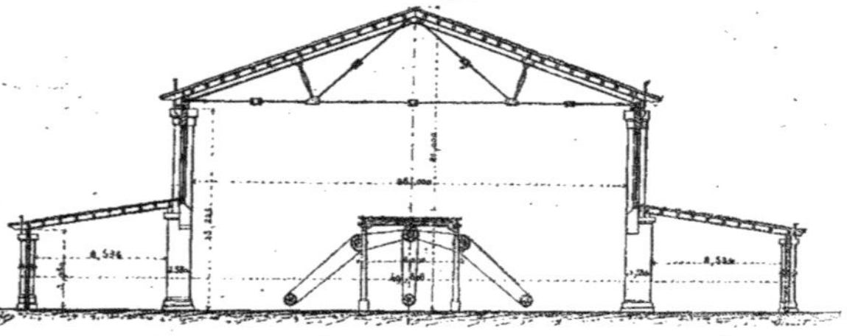

Galerie du palais.

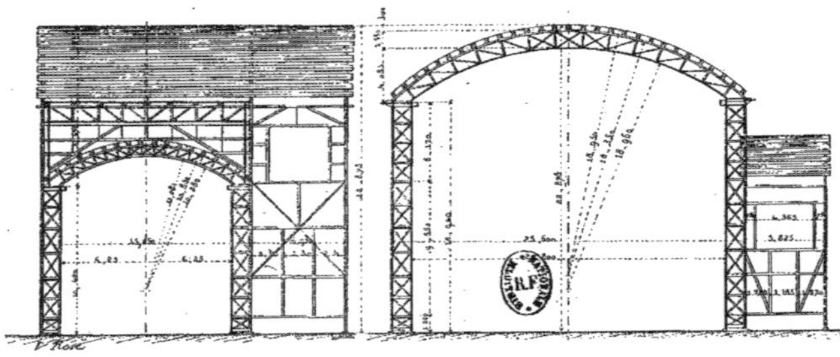

Hippolyte Fontaine

Typ. A. Lahure.

HAUT FOURNEAU SYSTÈME BUTTGENBACH

Fig 1.

Fig 5.

Fig. 6.

Fig. 2.

Fig. 4.

Fig. 3.

Hippolyte Fontaine.
Imp. Monrocq, Paris.
Autog. R. Milhès, 44 B.d St Germain.

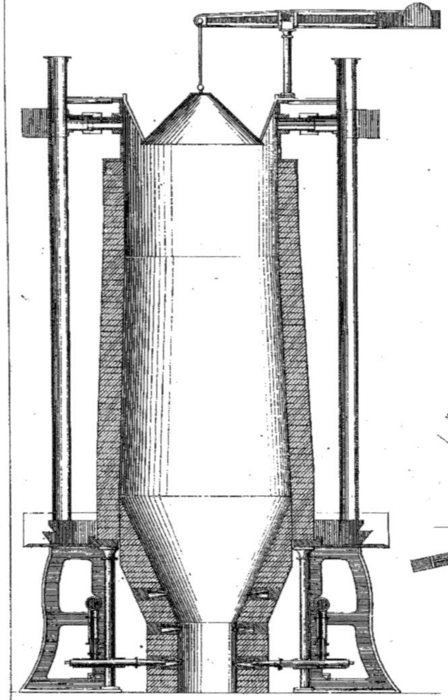

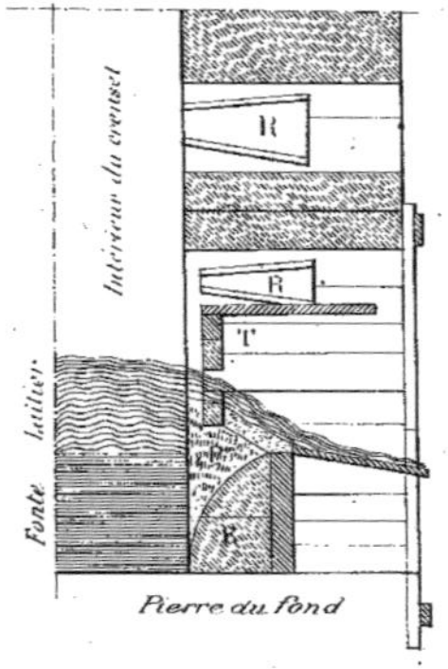

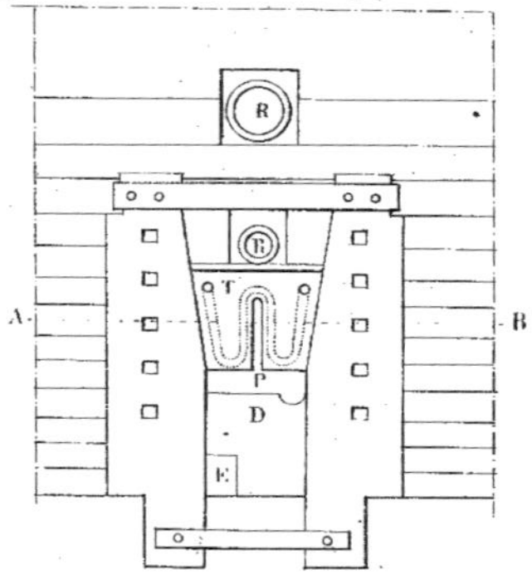

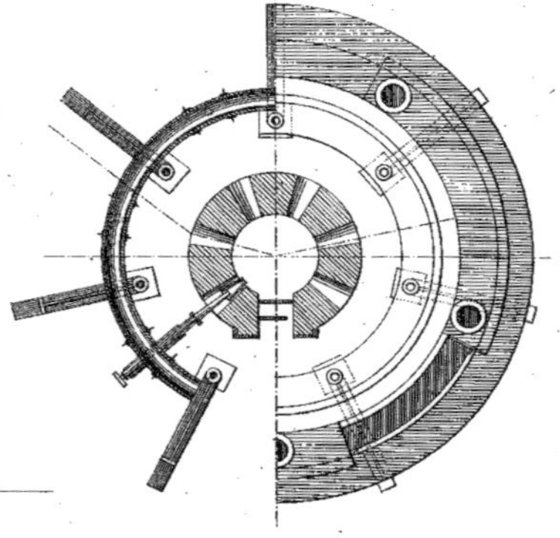

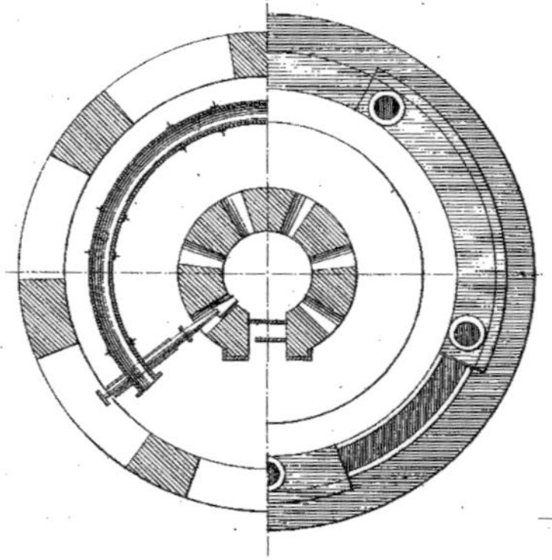

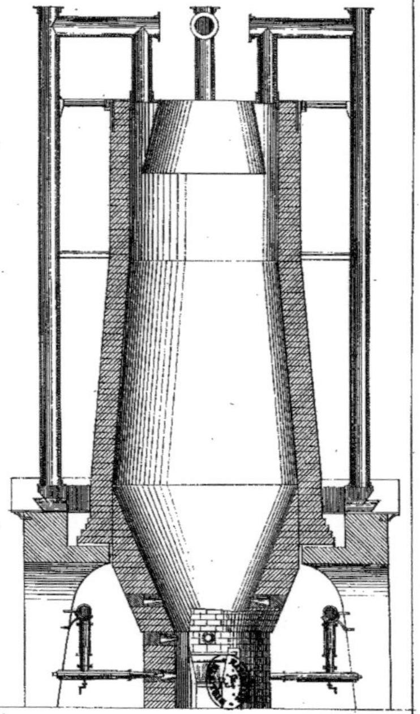

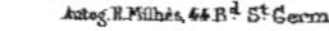

FOUR SIEMENS POUR L'OBTENTION DIRECTE DU FER

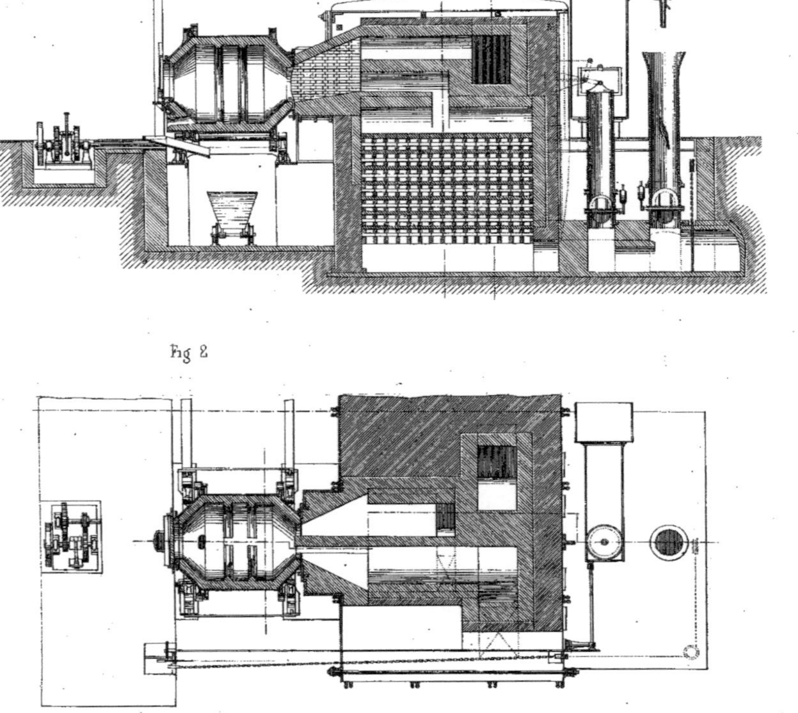

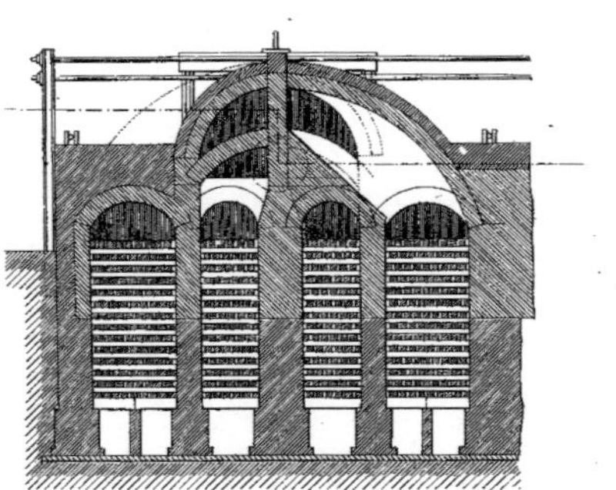

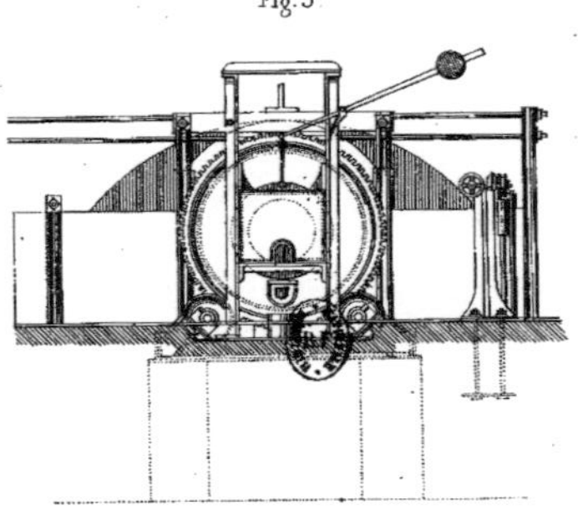

Hippolyte. Fontaine.

Imp. Monrocq, à Paris.

Autog. R. Milhès, 44 Bd St Germain.

PILON SCHULZ ET GÖBEL.

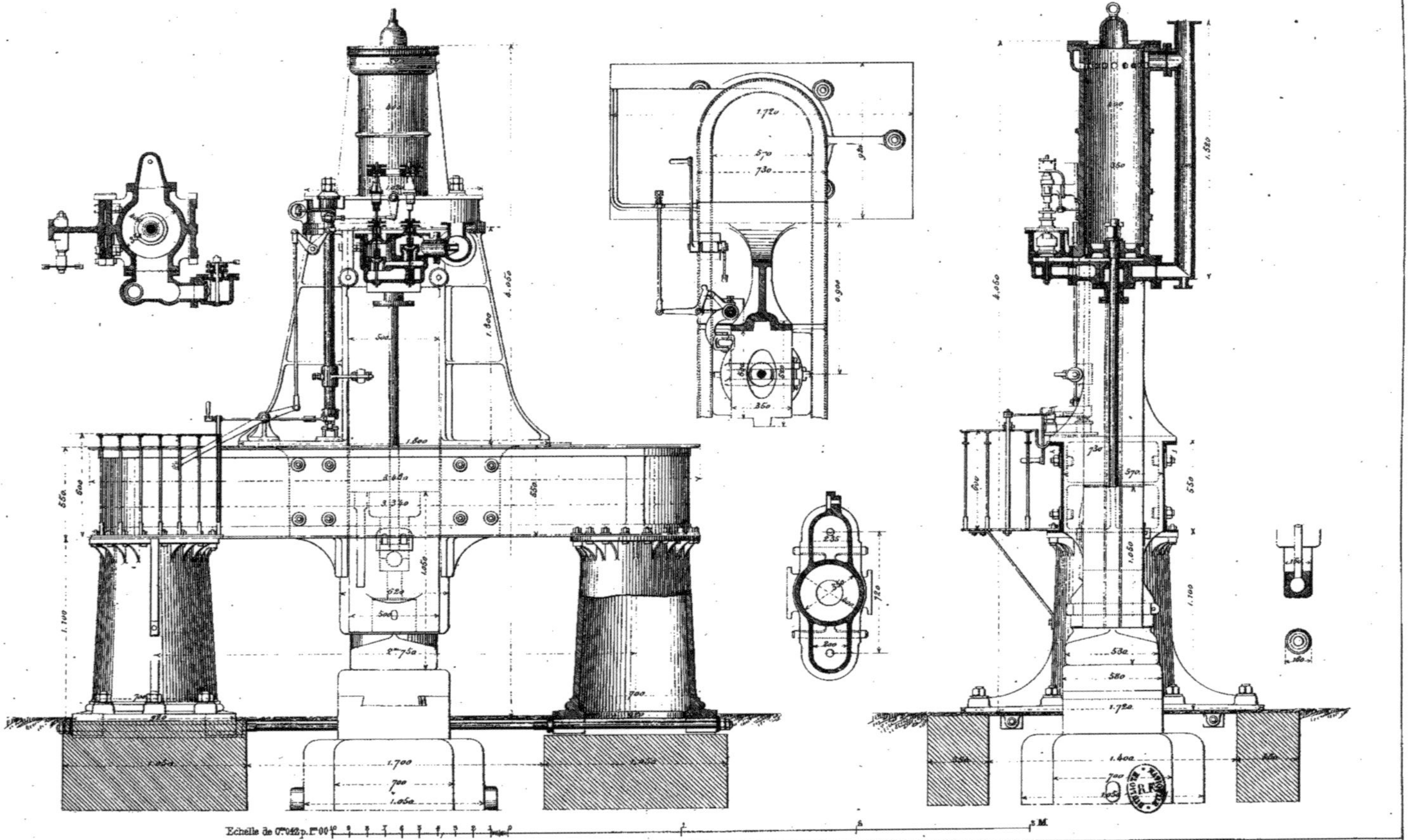

Echelle de 0m042 p. 1m00

Hipolyte Fontaine.

Imp. Monrocq, à Paris.

E. Gillet. Autog. 19. R. Cail.

FRAPPEUR A VAPEUR DAVIES.

Hypolyte Fontaine.

Imp. Monrocq, à Paris.

E. Gillet. Autog. 19 R. Cail. Paris.

ESSAIS DES ACIERS SUÉDOIS

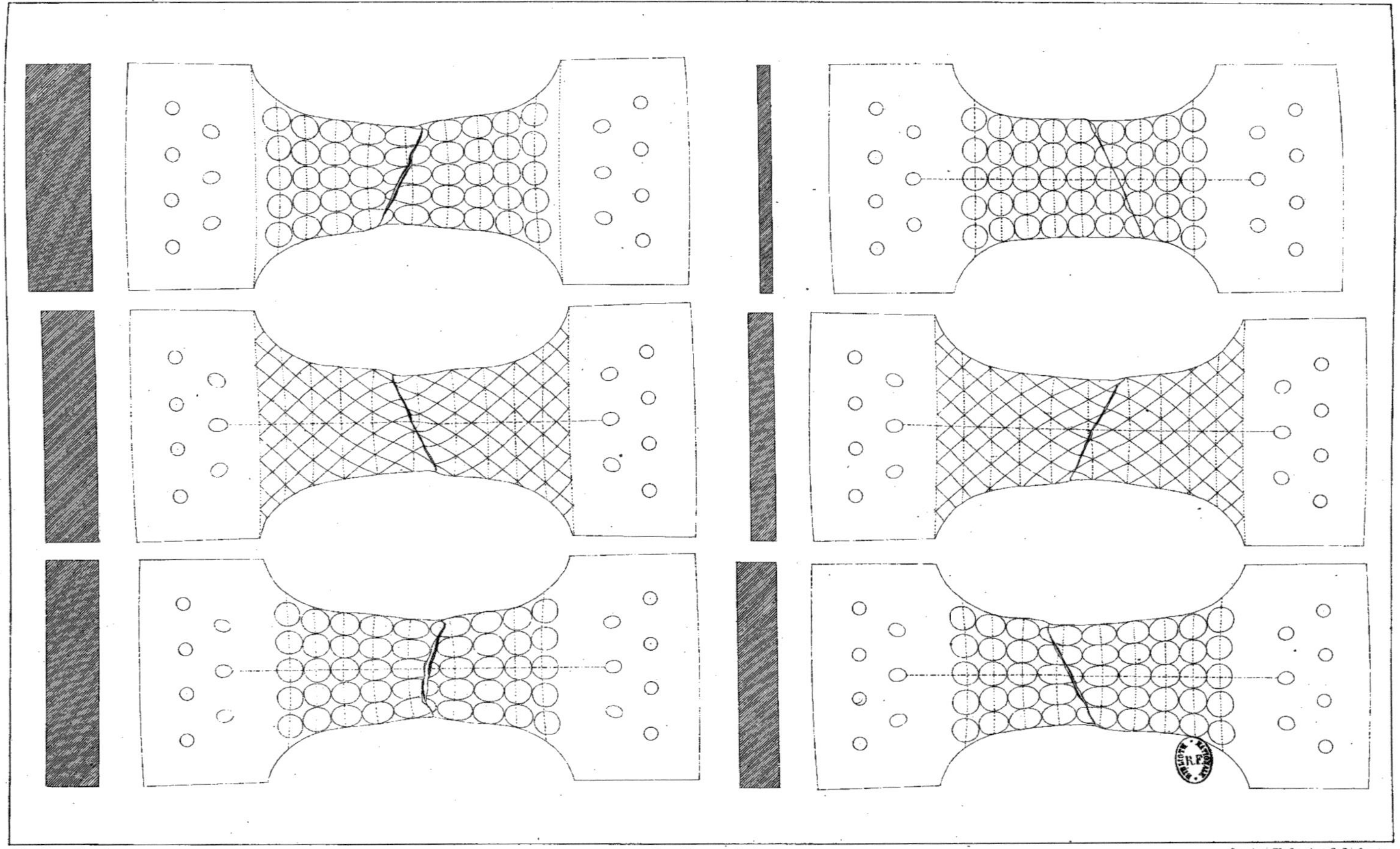

Hippolyte Fontaine

Imp. Monrocq, Paris

Gravé par Marboutin, r. du Dragon 40

PIÈCES DE FORGE OBTENUES A LA PRESSE HASWELL

Hippolyte Fontaine.
Impr. Monrocq à Paris
F. Méheux Lith.

CONTREPOIDS BOCHKOLTZ.

pour Machines d'épuisement.

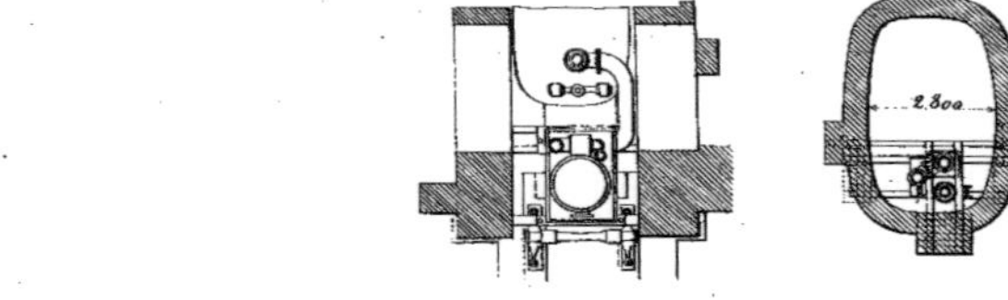

DÉTENTE VARIABLE GUINOTTE.

pour Machines d'extraction.

Hippolyte Fontaine.

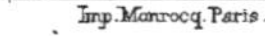

Imp. Monrocq, Paris.

E. Gillet. Autog. 18. R. Cail. Paris.

MACHINE A FRAISER DUCOMMUN.

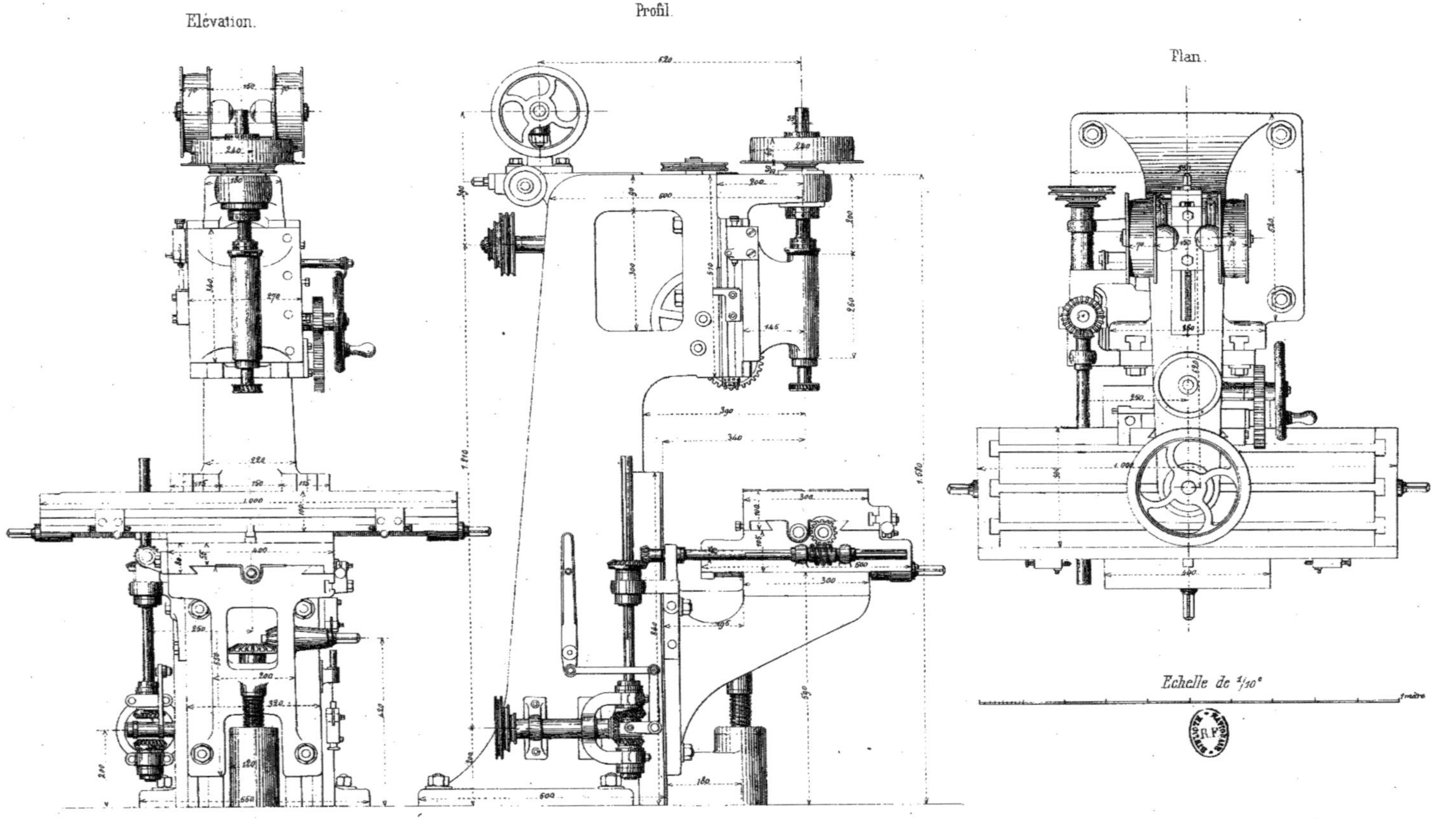

Elévation.

Profil.

Plan.

Echelle de 1/10e

1 mètre

Hippolyte Fontaine.

Imp. de l'Ecole Centrale, J. Dejey & Cie 18, r. de la Perle, Paris

TOUR A CHARIOTER ET A FILETER DUCOMMUN.

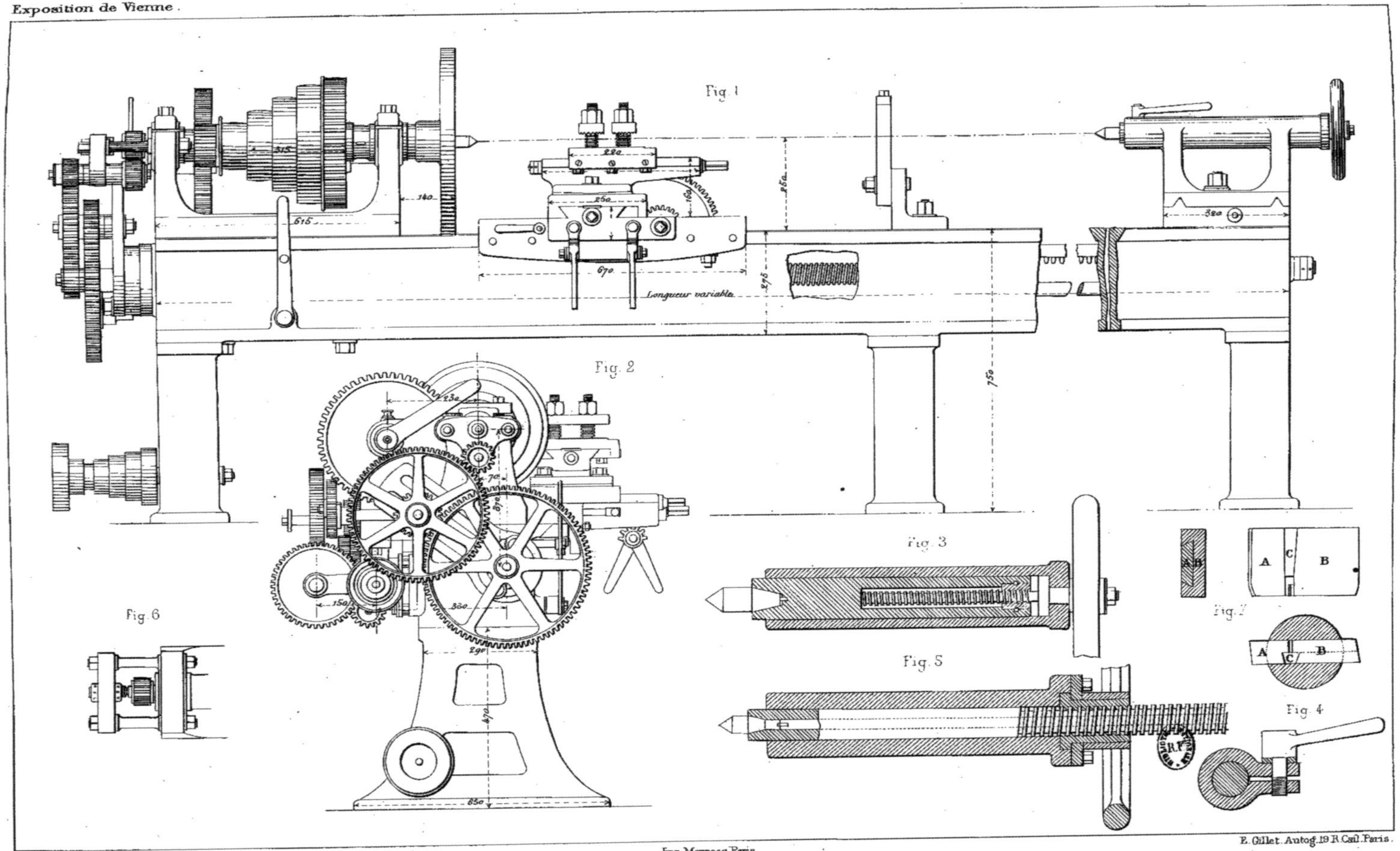

Fig. 1

Longueur variable

Fig. 2

Fig. 3

Fig. 4

Fig. 5

Fig. 6

Fig. 7

Hippolyte Fontaine.

Imp. Monrocq. Paris.

E. Gillet. Autog. 19 R. Cail. Paris.

MACHINE A PERCER RADIALE DE LA MANUFACTURE DE CHEMNITZ.

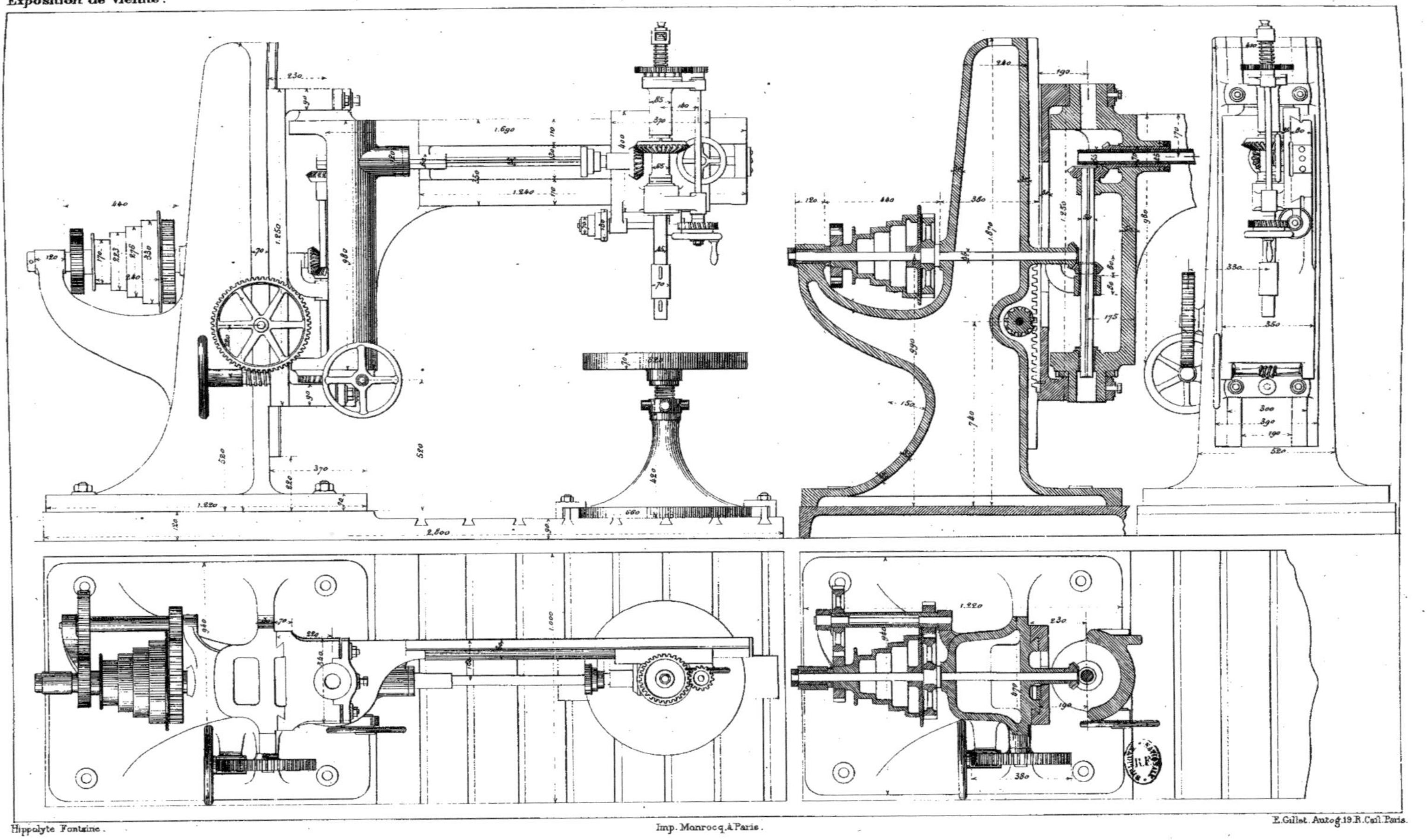

Hippolyte Fontaine.

Imp. Monrocq, à Paris.

E. Gillet. Autog. 19. R. Cail. Paris.

CISAILLE CÜNZER, PERCEUSE PLAFF, FERNAU ET Cie.

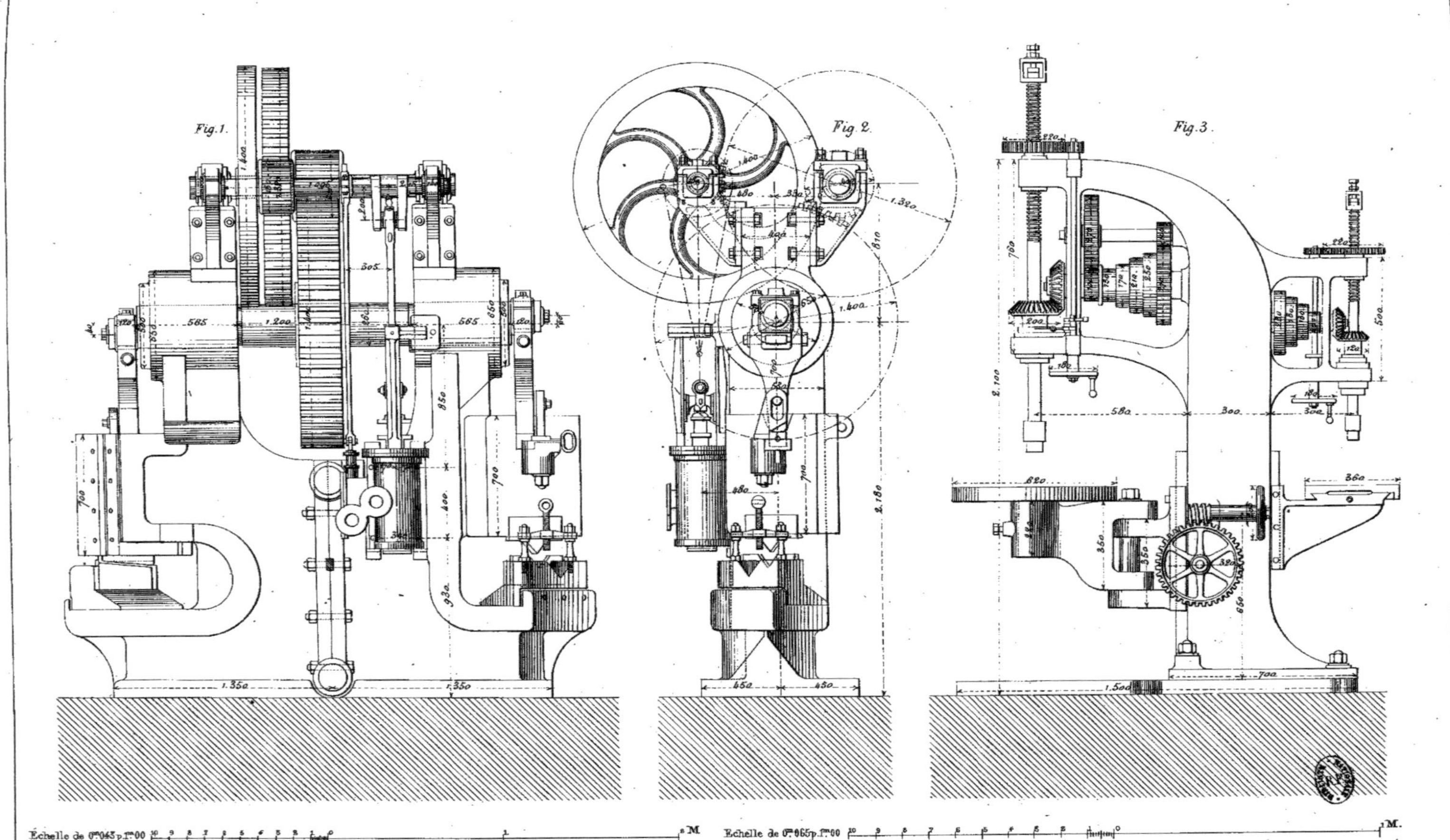

Hippolyte Fontaine.
Imp. Monrocq, Paris.
E. Gillet. Autog. 19. R. Cal. Paris.

MACHINE A MORTAISER DE ZIMMERMANN.

Hippolyte Fontaine

Imp. Geoffroy. Paris.

Autog. F. Geoffroy, 18, r. Clignancourt

MACHINE A FRAISER HORIZONTALE DE COLLET & ENGELHARD.

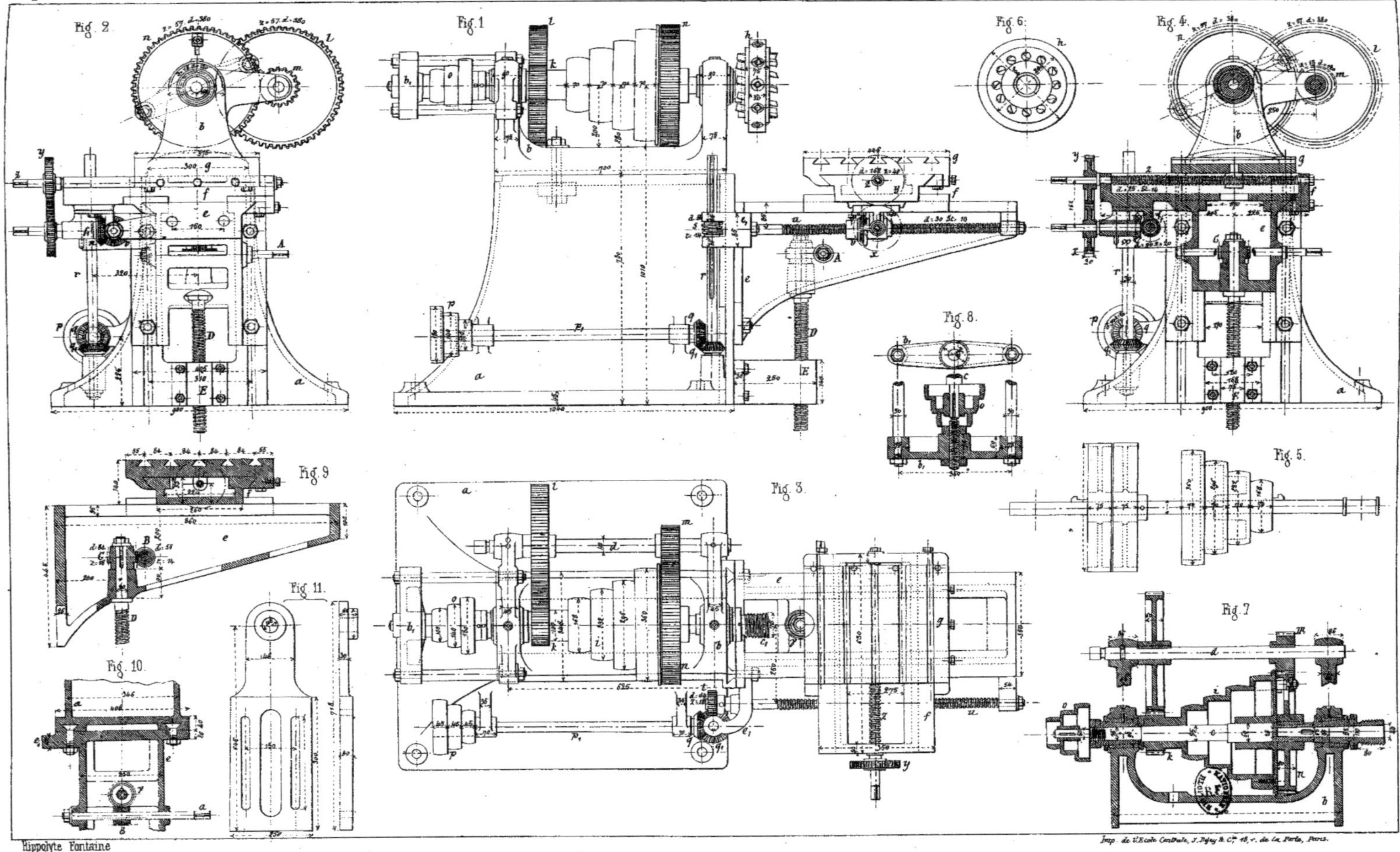

Hippolyte Fontaine

Imp. de l'École Centrale, J. Dejey & Cie 18, r. de la Perle, Paris.

MACHINES A VAPEUR DIVERSES.

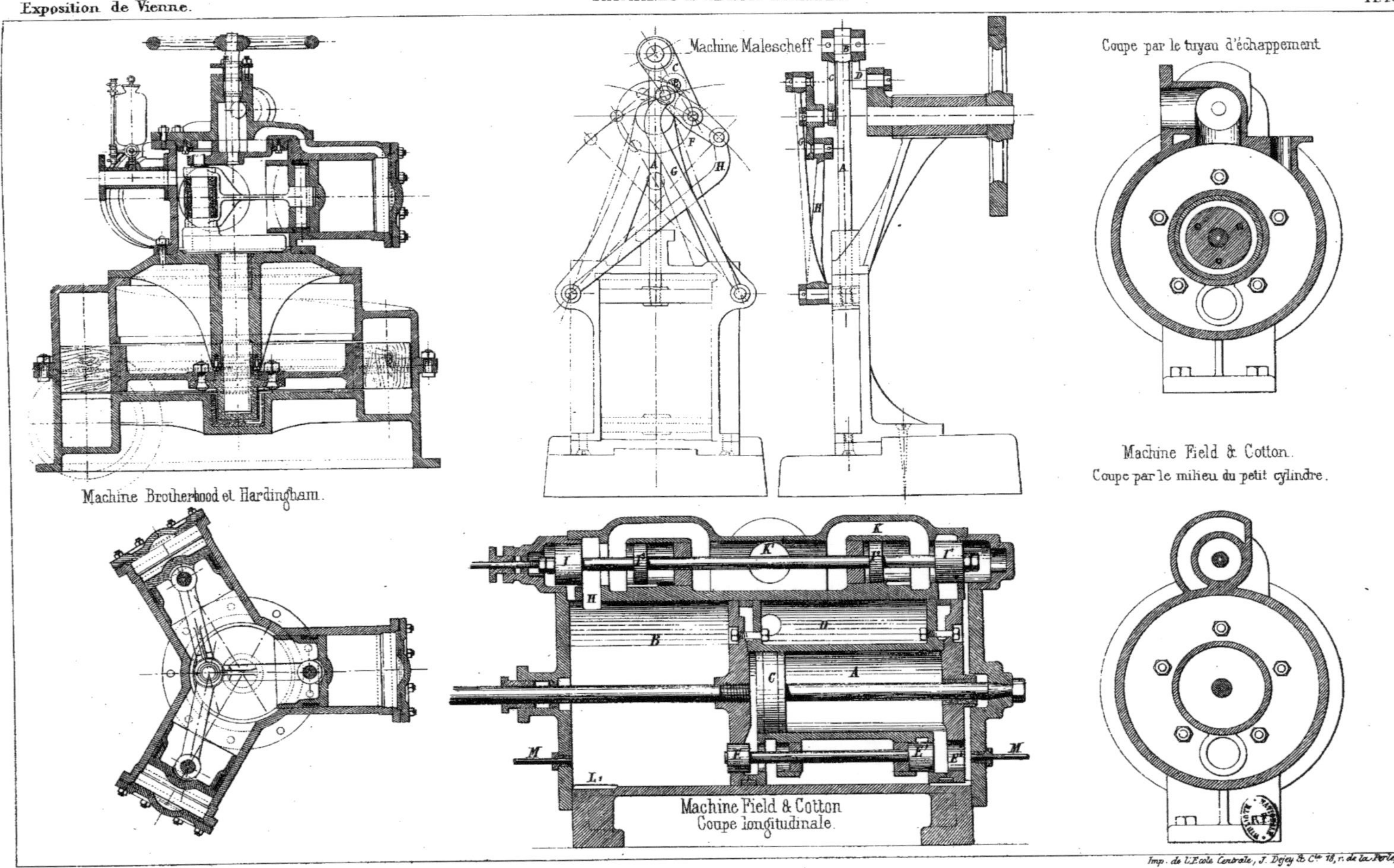

Hippolyte Fontaine.
Imp. de l'Ecole Centrale, J. Dejey & Cie 18, r. de la Perle.

PETITE SCIE ET RABOTEUSE ARBEY

Fig. 1

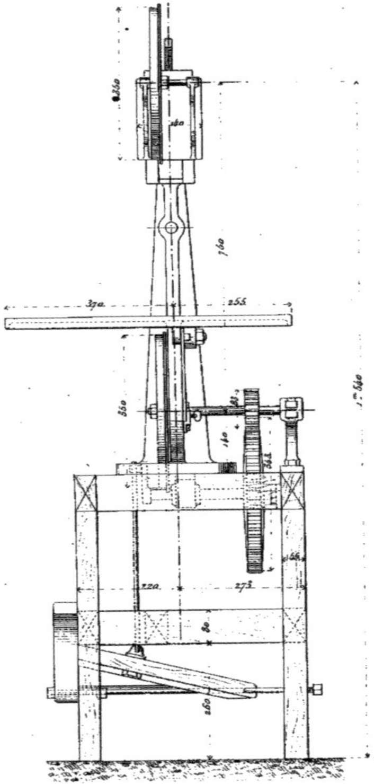

Fig. 2

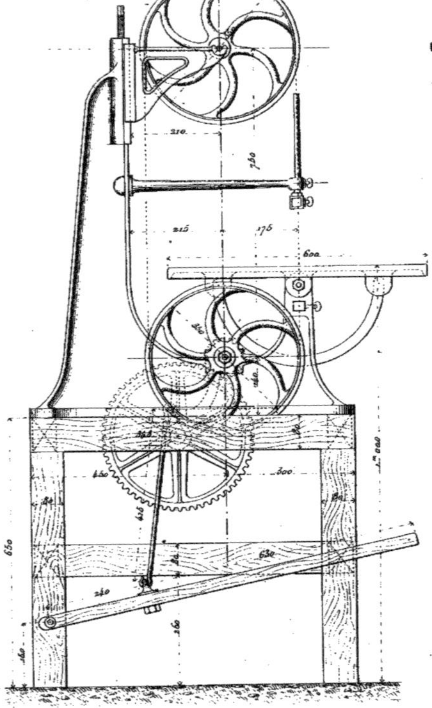

Fig. 3

Fig. 4

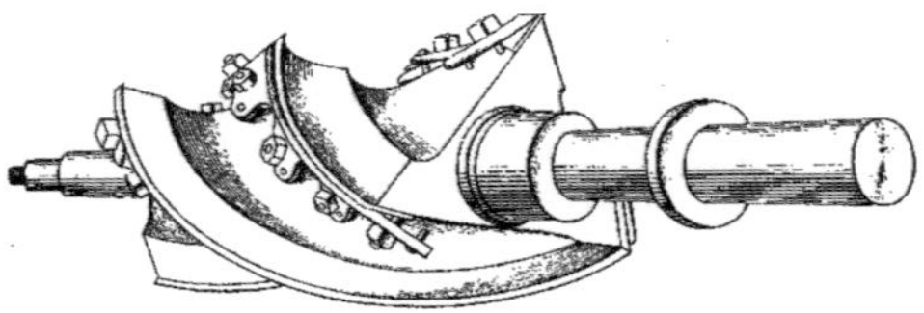

Fig. 5

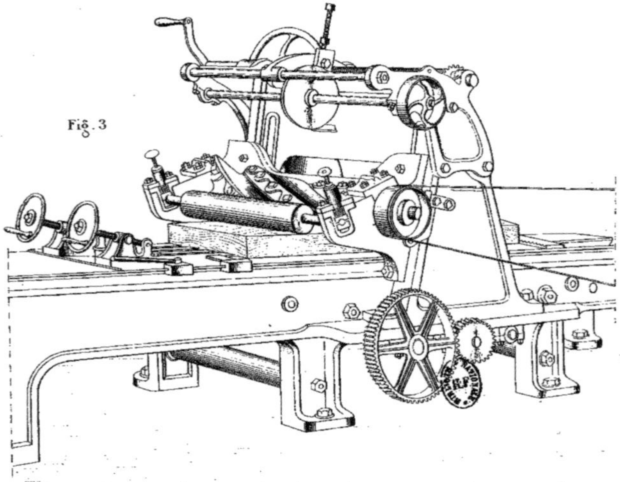

Echelle de 0m.100 pr 1 mètre

Hippolyte Fontaine

Imp. Monrocq, Paris

Gravé par Marboutin, r. du Dragon 40

MACHINES DIVERSES POUR LE TRAVAIL DU BOIS

Machine à raboter de Povis, James et Cie

Machine à tenons de Fay et Cie

Scie à rubans de Povis, James et Cie

Machine à percer de Fay et Cie

Petite scie à rubans de Povis, James et Cie

Hippolyte Fontaine

Imp. Monrocq. Paris

Gravé par Marboutin, r. du Dragon 40

Exposition de Vienne.

SÉRIE D'OUTILS POUR LA FABRICATION DES SEAUX EN BOIS.

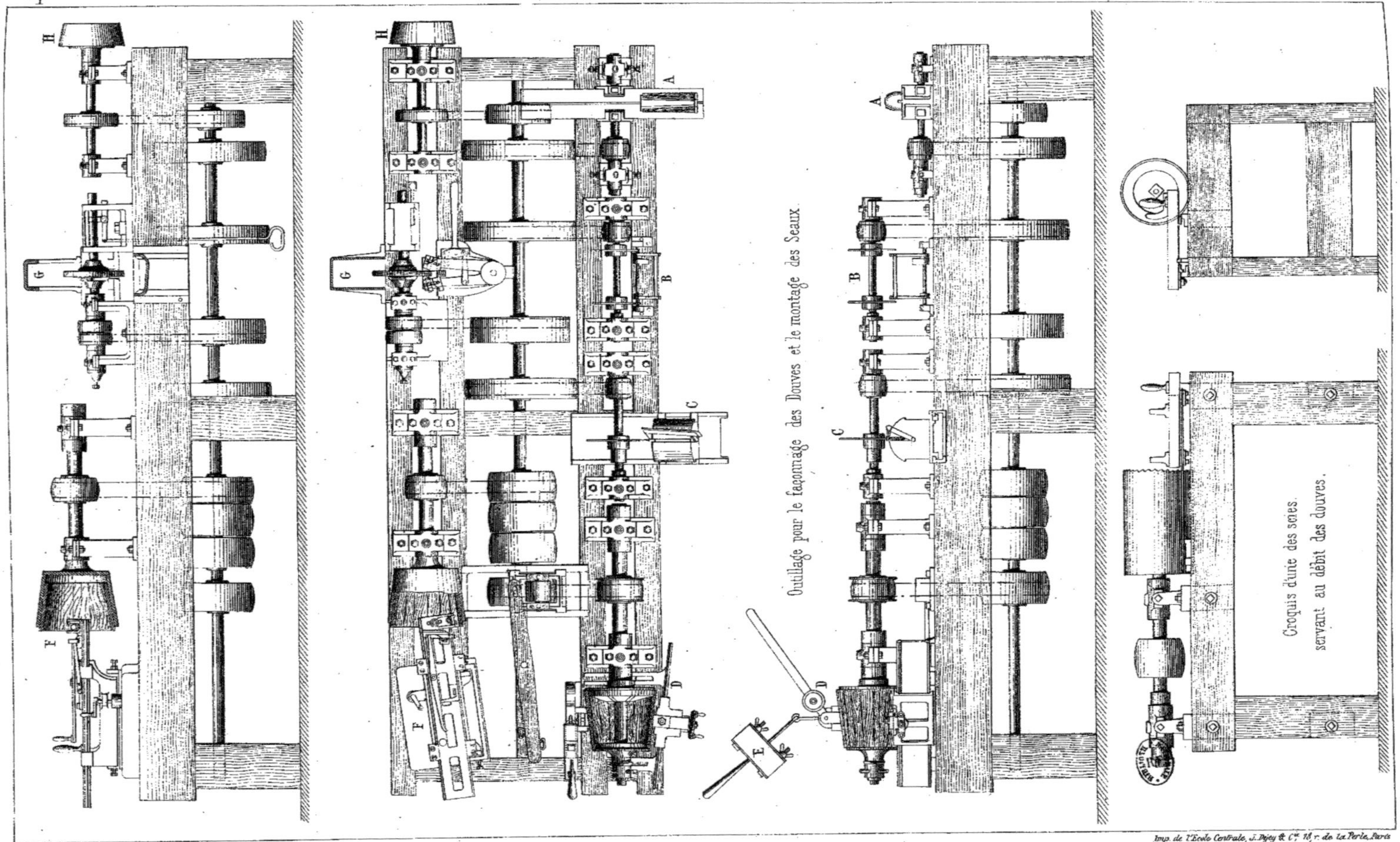

Pl. 19.

Outillage pour le façonnage des Douves et le montage des Seaux.

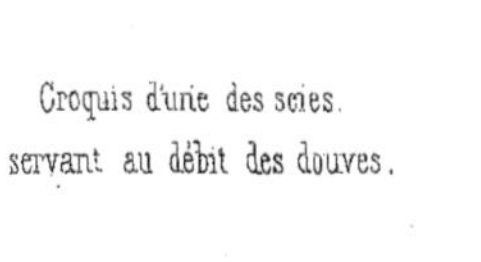

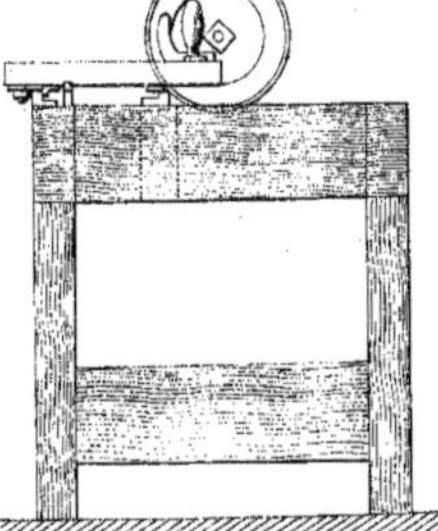

Croquis d'une des scies servant au débit des douves.

Hippolyte Fontaine

Imp. de l'École Centrale, J. Pigy & Cie, 11 r. de la Perle, Paris

MACHINE à VAPEUR SULZER FRÈRES (Ensemble)

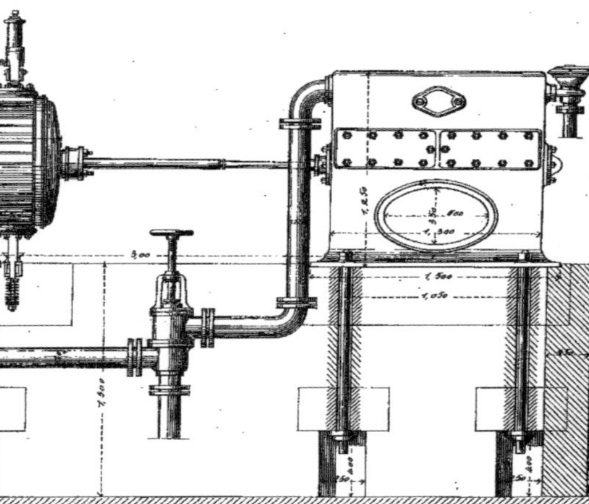

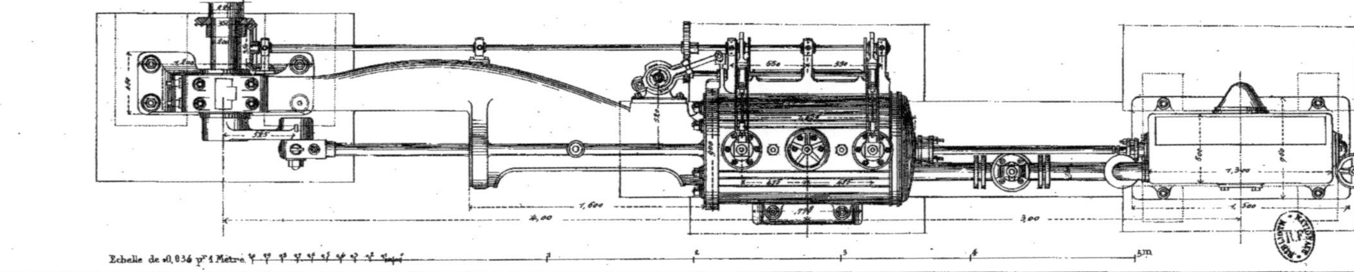

Echelle de 0,036 p^r 1 Mètre.

Hippolyte Fontaine.

Imp. Monrocq à Paris

Autographie H. Milhès, 44 B^d St Germain.

MACHINE À VAPEUR SULZER FRÈRES (Détails)

Echelle de 0,055 p^r 1 Mètre

Hippolyte Fontaine.

Imp. Monrocq à Paris.

Autographie H. Milhès, 44 B^d St Germain.

MACHINE A VAPEUR BÈDE & FARCOT (ENSEMBLE)

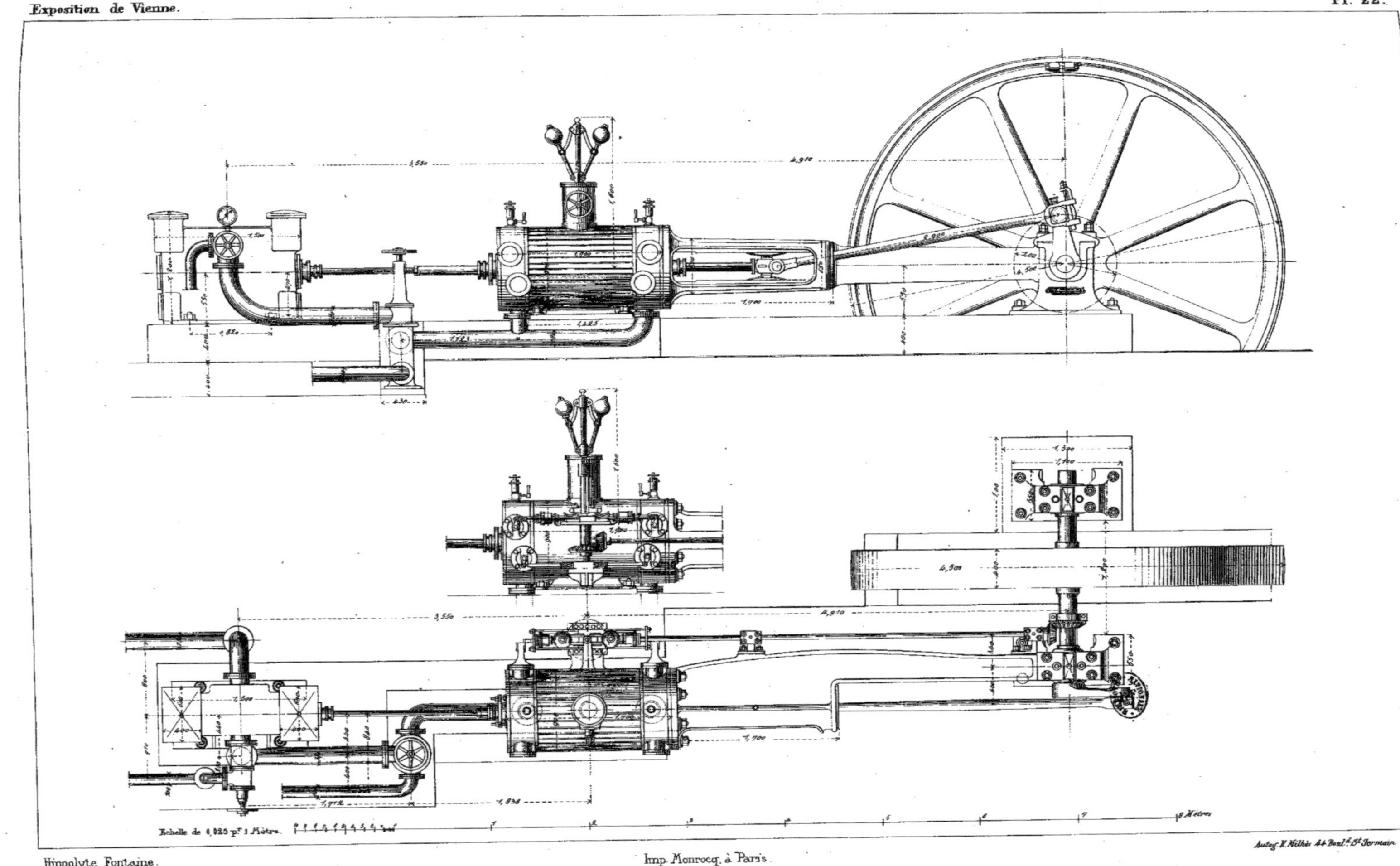

Autog. V. Milhès 44 Boulᵈ Sᵗ Germain
Hippolyte Fontaine.
Imp. Monrocq, à Paris.

MACHINE HORIZONTALE BÈDE ET Cie (DÉTAILS).

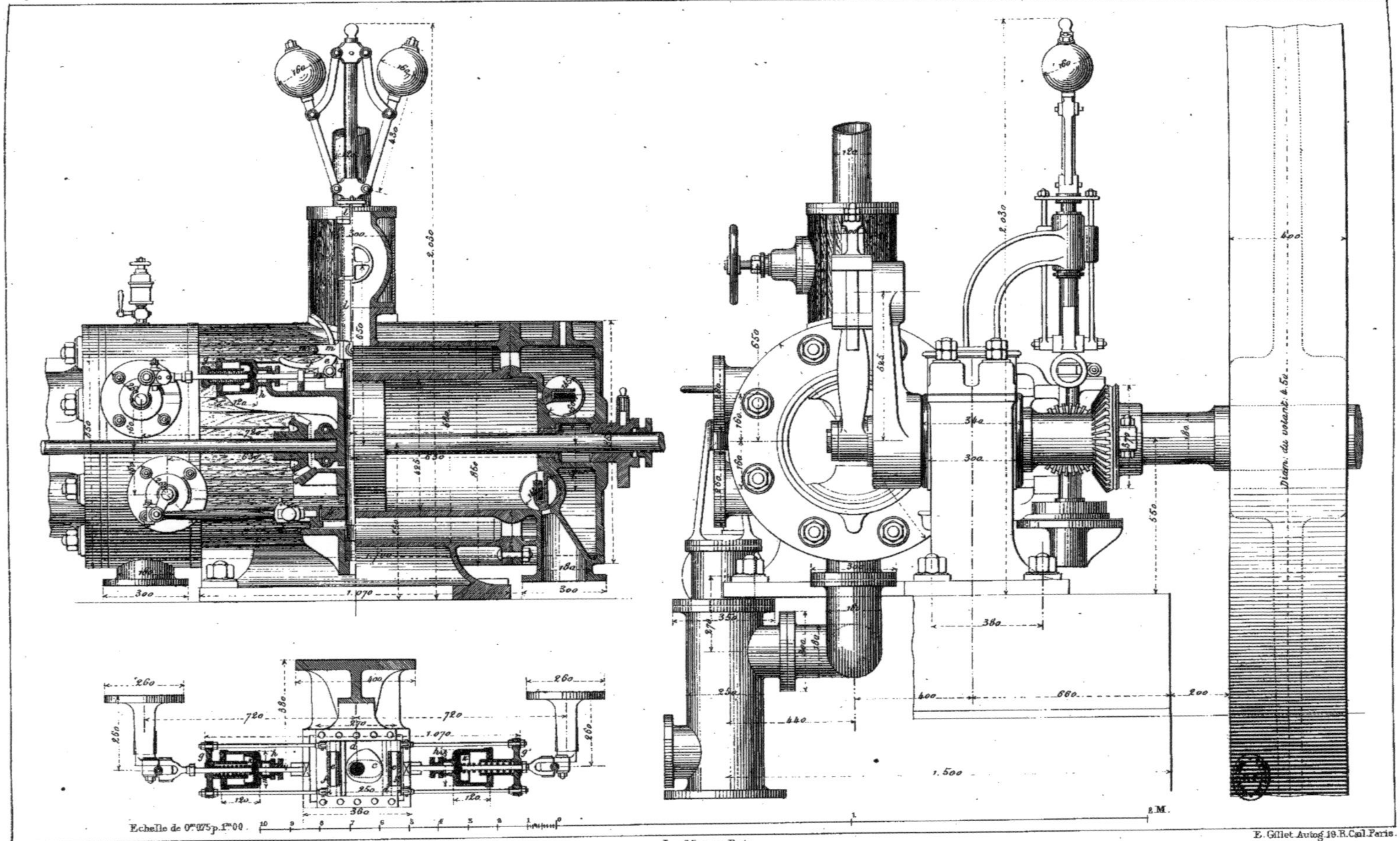
Diam. du volant: 4.50
Echelle de 0m 075 p. 1m 00
2 M.

Hippolyte Fontaine.
Imp. Monrocq. Paris.
E. Gillet Autog. 19. R. Cail. Paris.

MACHINE DINGLER.

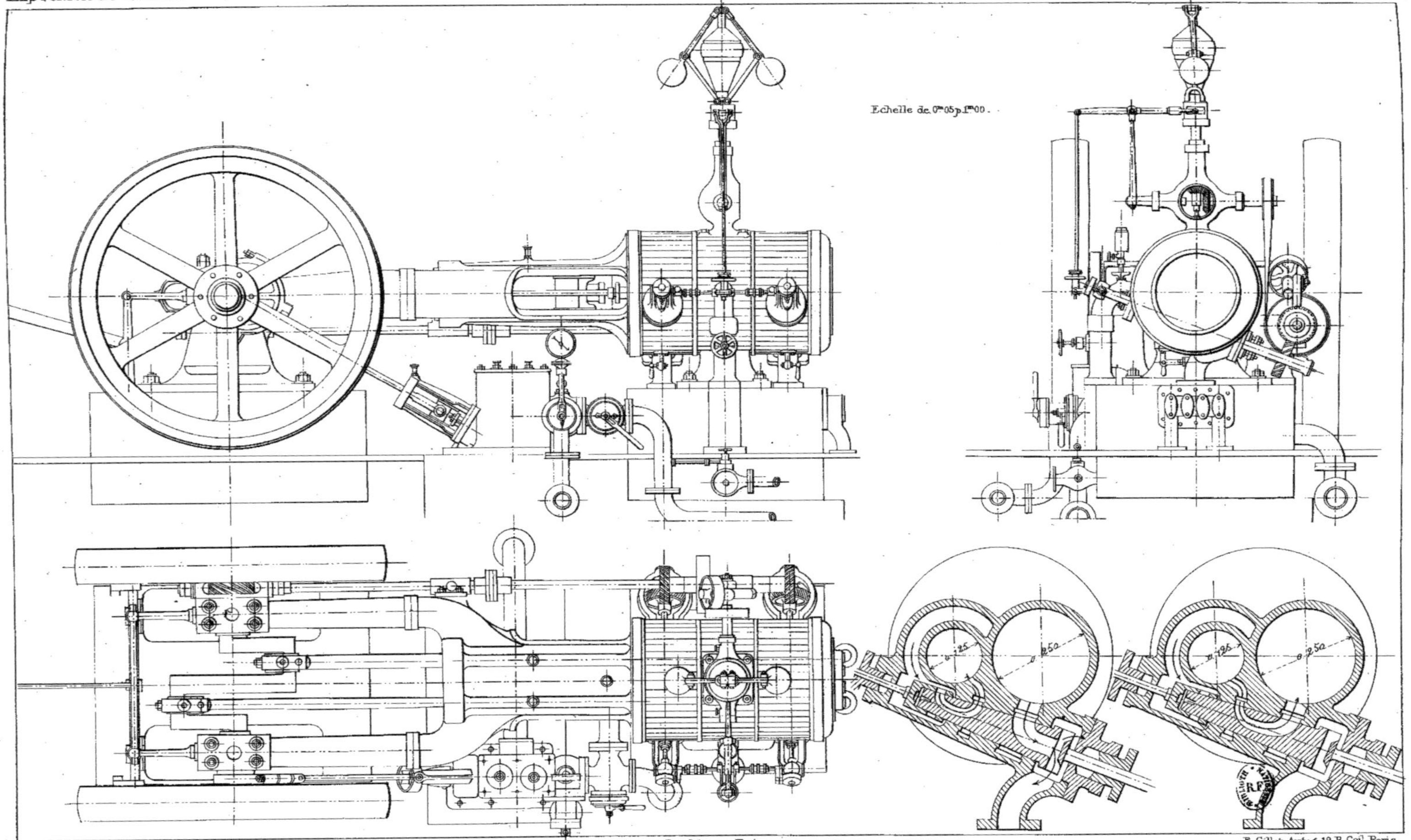

Echelle de $0^{m}05$ p. $1^{m}00$.

ø 125

ø 250

ø 125

ø 250

Hippolyte Fontaine.

Imp. Monrocq. Paris.

E. Gillet Autog. 19. R. Cail. Paris.

MOTEUR DE LA COMPAGNIE DE GORLITZ

Echelle de 0m.04 pour Mètre.

Hippolyte Fontaine.

Imp. de l'Ecole Centrale, J. Dejey & Cie 18, r. de la Perle, Paris.

MOTEUR DANEK.

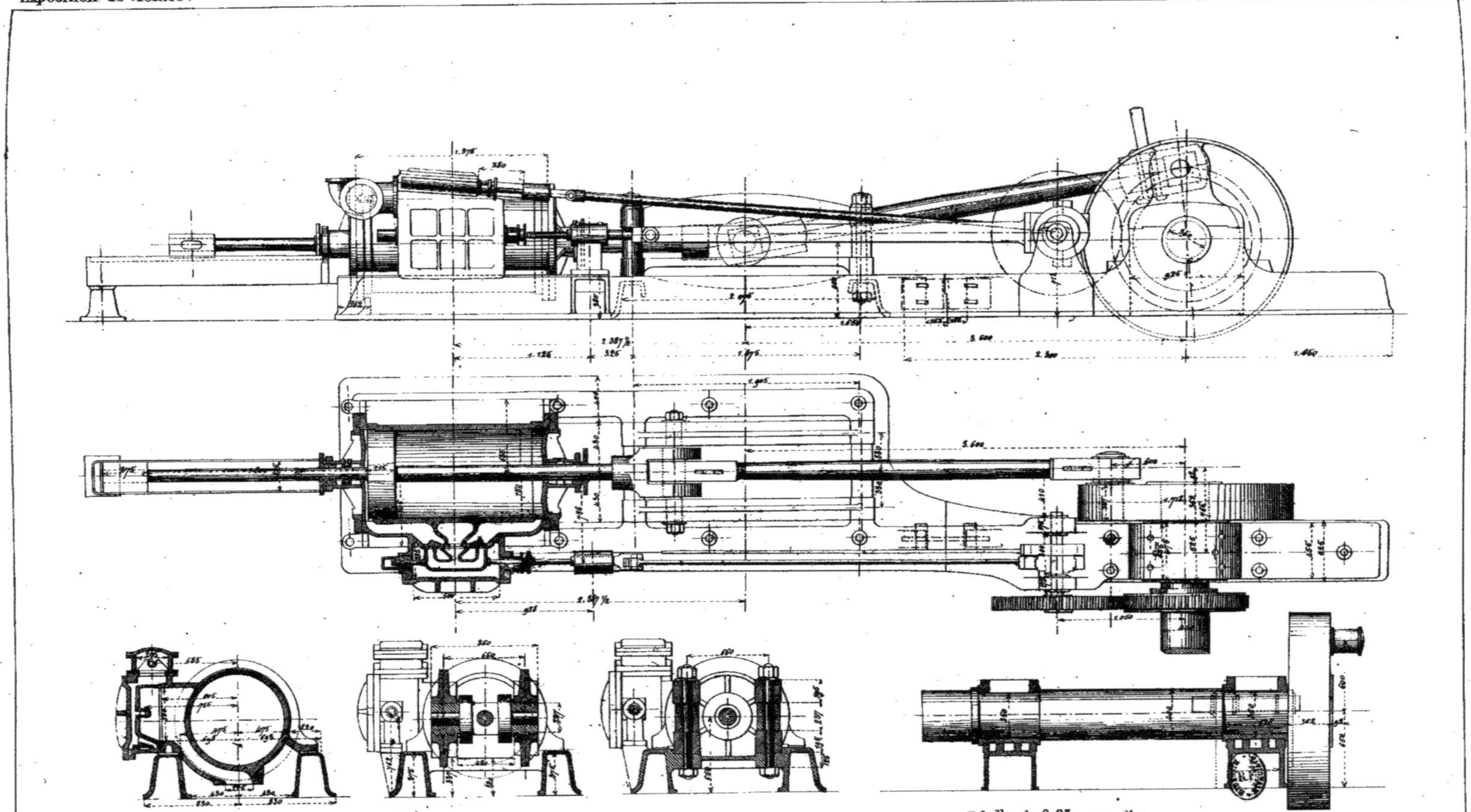

Echelle de 0.05 pour mètre.

Imp. de l'Ecole Centrale, J. Dejey & Cie 18 r. de la Perle.

MACHINE REINECKE.

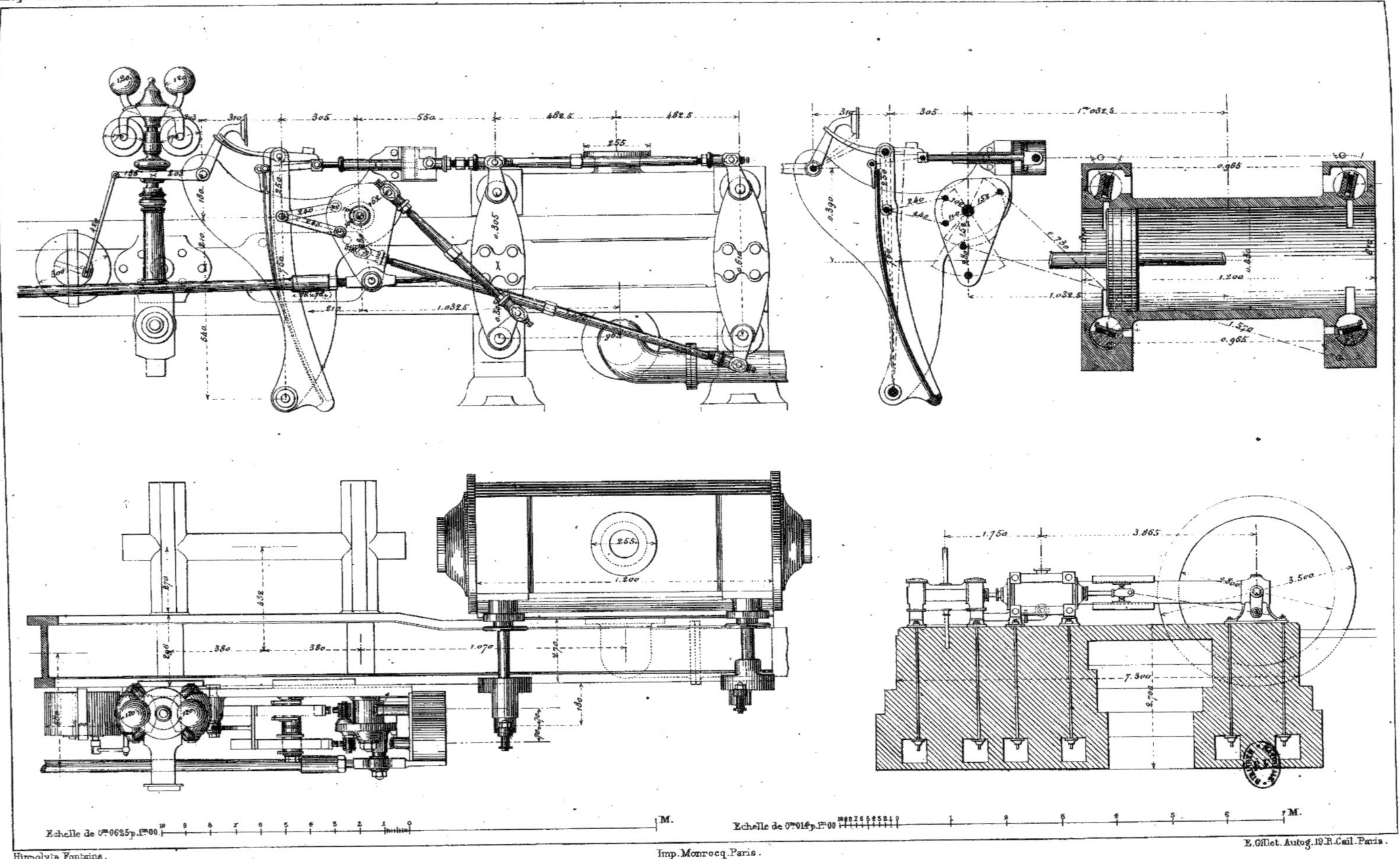

Hippolyte Fontaine.
Imp. Monrocq. Paris.
E. Gillet. Autog. 19 R. Cail. Paris.

MOTEUR A AIR CHAUD DE LEHMANN.

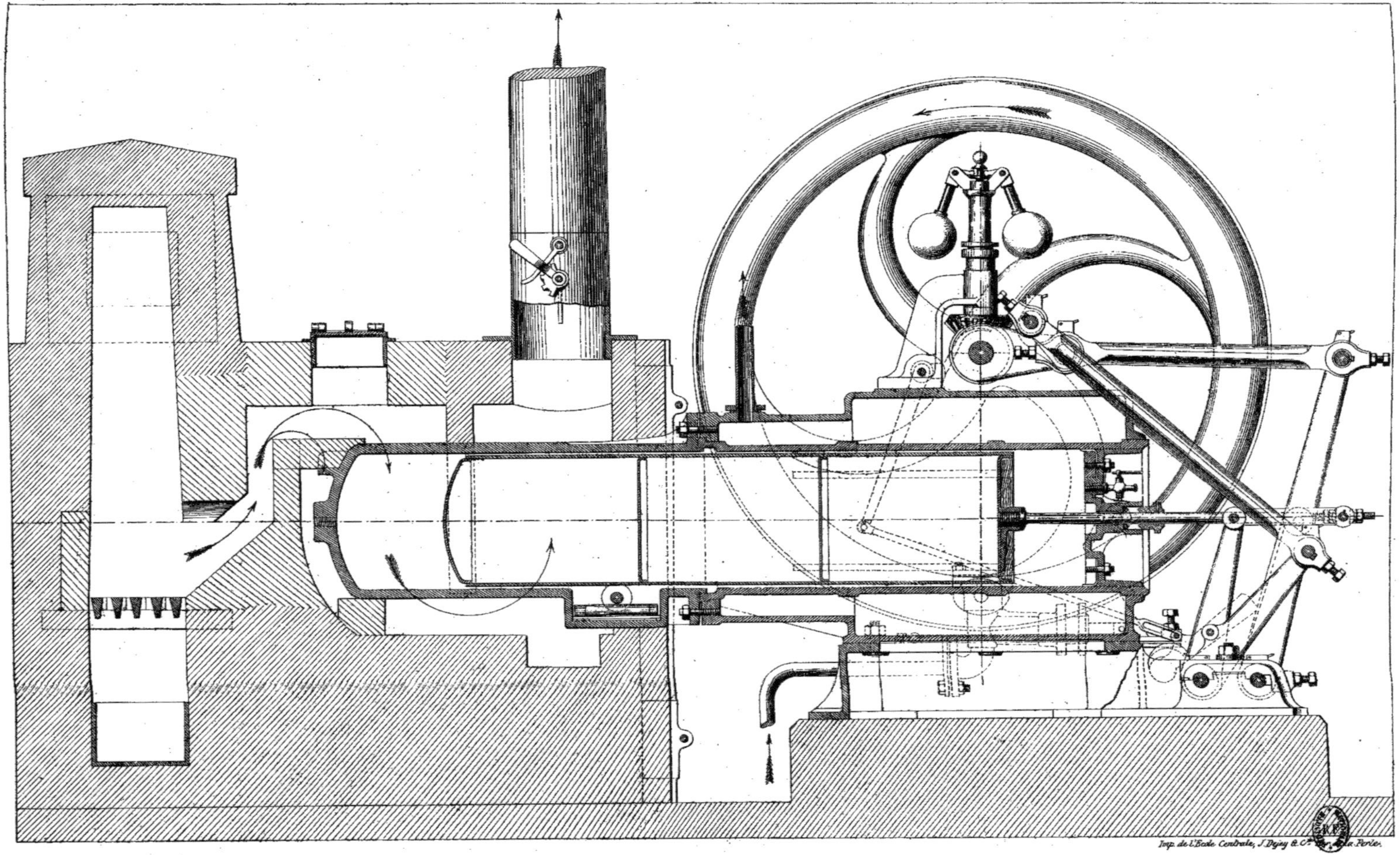

Imp. de l'École Centrale, J. Dejey & Cie, r. de la Perle.

LOCOMOBILE de la SOCIÉTÉ CENTRALE de PANTIN.

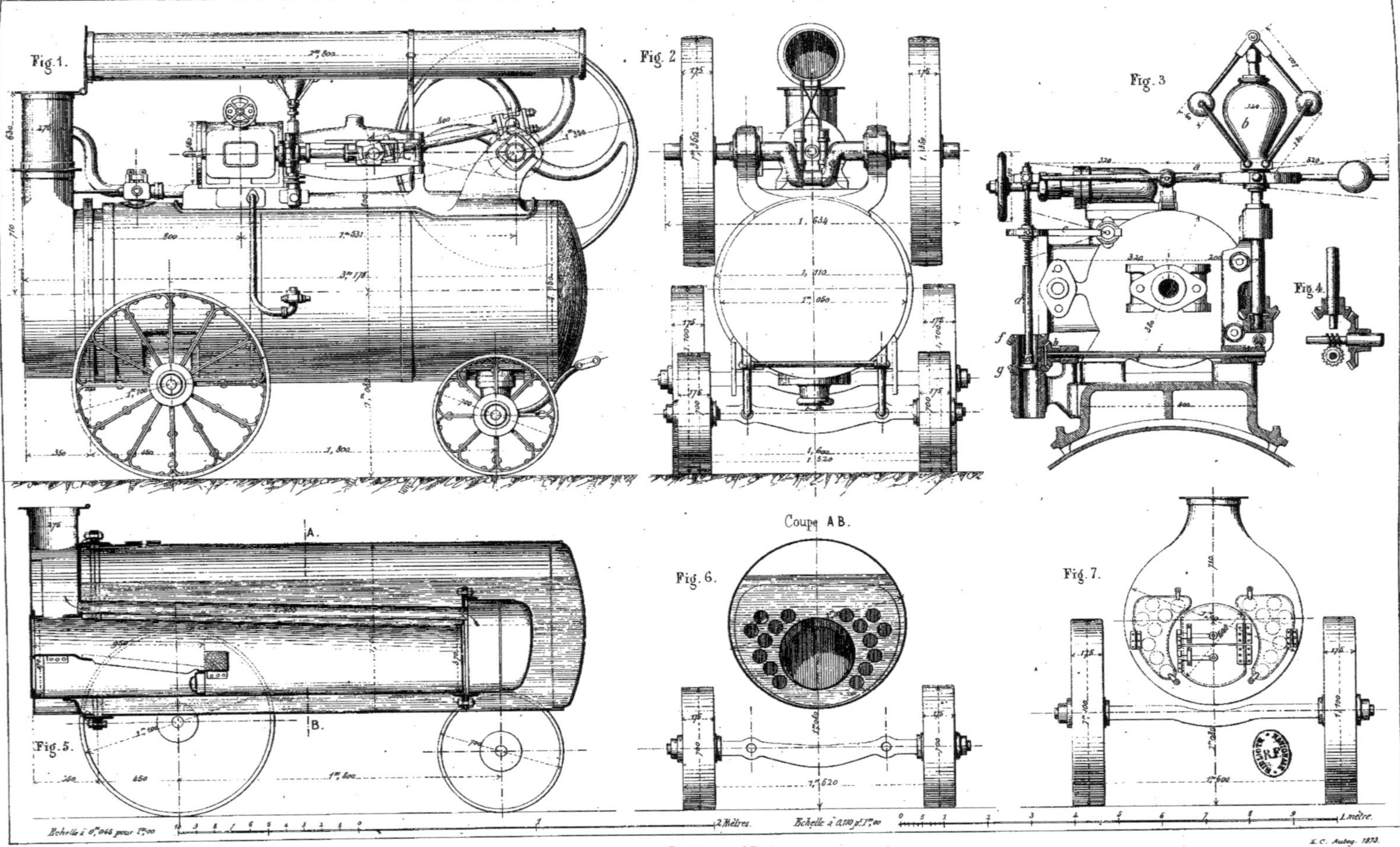

Hippolyte Fontaine

Imp. Monrocq, à Paris

E. C. Aubeq. 1873.

LOCOMOBILE ALBARET.

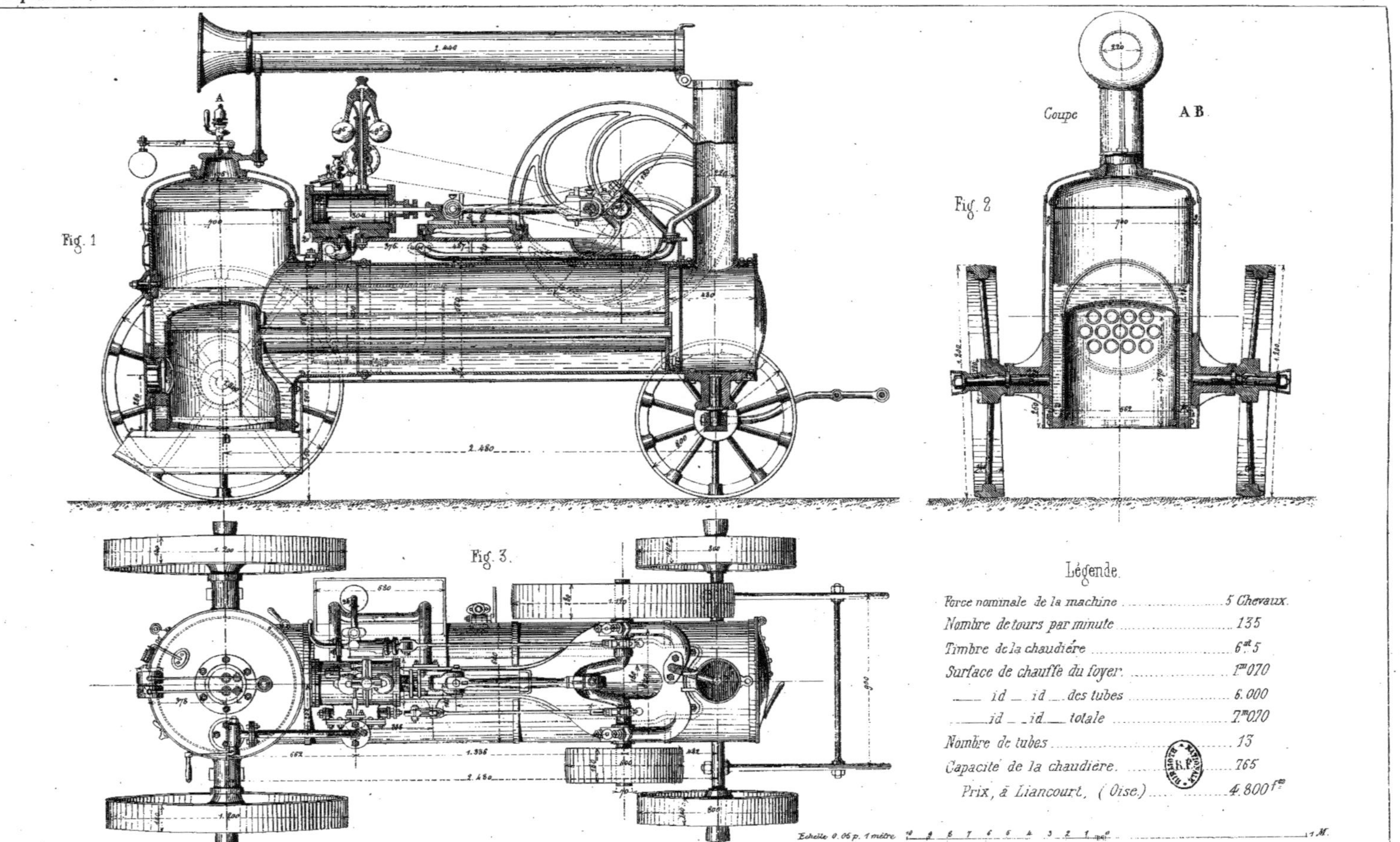

Légende.

Force nominale de la machine	5 Chevaux.
Nombre de tours par minute	135
Timbre de la chaudière	6at 5
Surface de chauffe du foyer	1m070
id id des tubes	6.000
id id totale	7m070
Nombre de tubes	13
Capacité de la chaudière	765
Prix, à Liancourt, (Oise.)	4.800 fr

Hippolyte Fontaine

Imp. de l'École Centrale. J. Dejey & Cie 18 r. de la Perle.

CROQUIS DE MACHINES VERTICALES

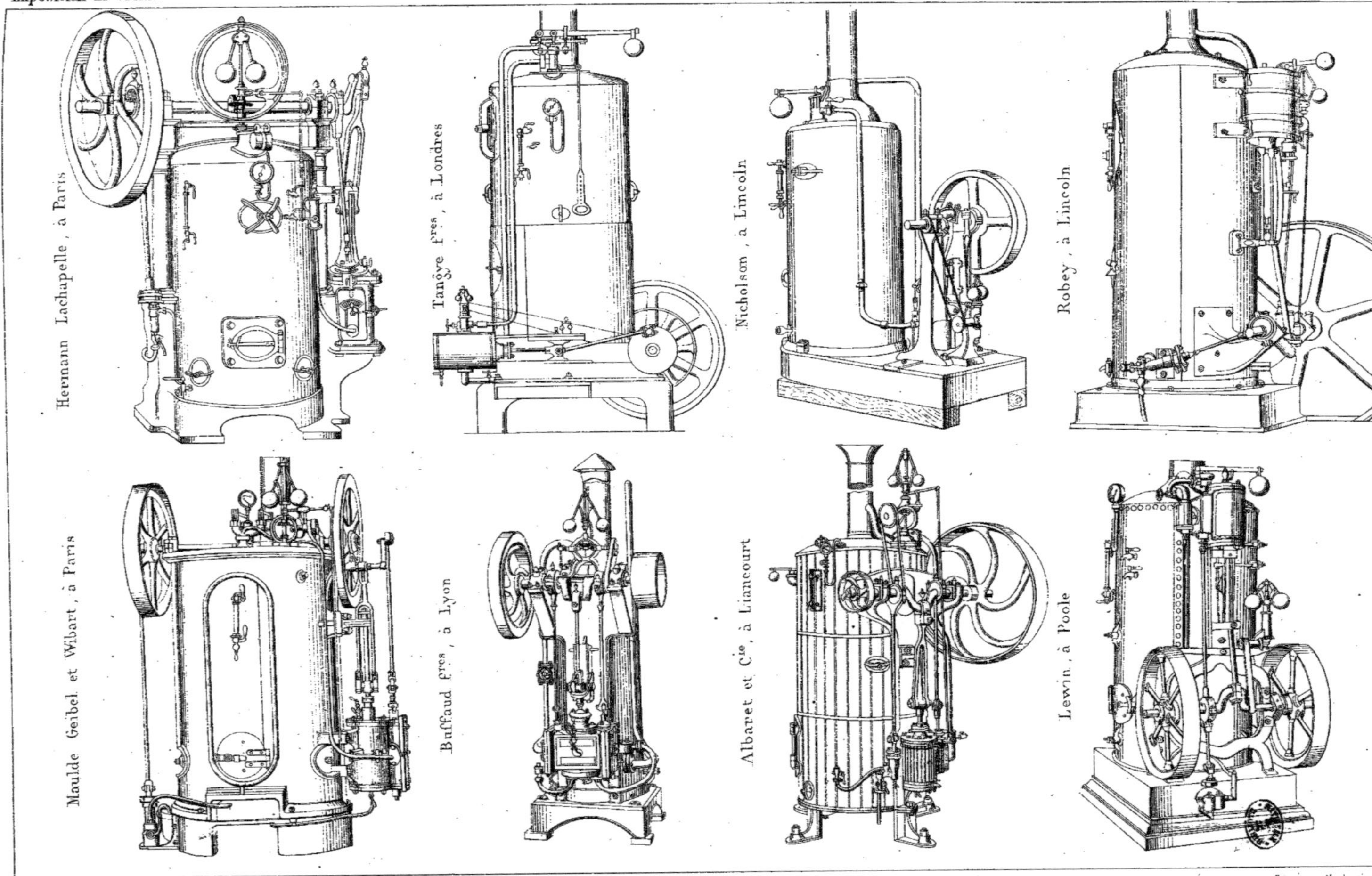

Hippolyte Fontaine
Imp. Monrocq - Paris
Gravé par Marbouin r. du Dragon 43

RÉGULATEURS DIVERS.

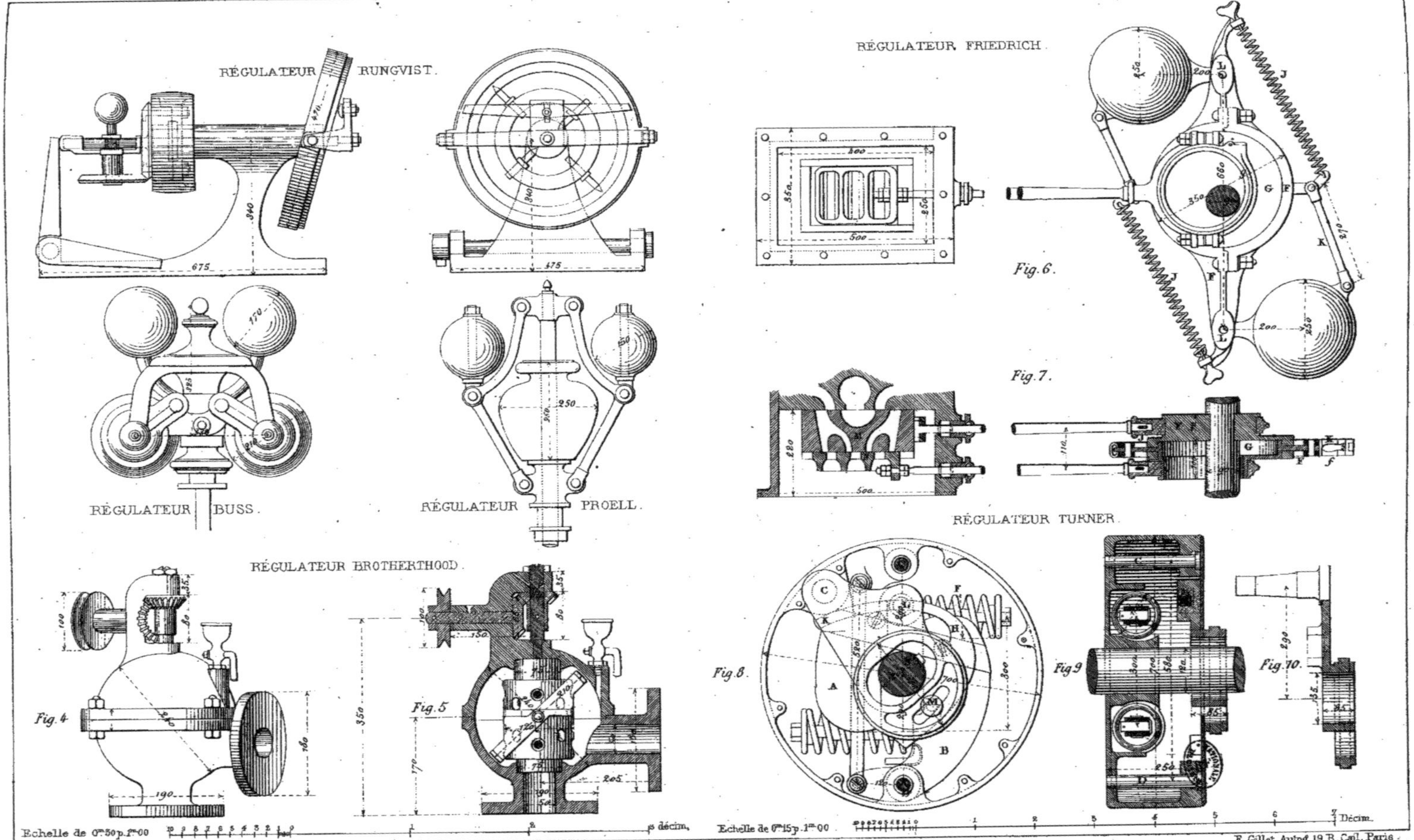
RÉGULATEUR RUNGVIST.
RÉGULATEUR BUSS.
RÉGULATEUR PROELL.
RÉGULATEUR BROTHERTHOOD.
RÉGULATEUR FRIEDRICH.
RÉGULATEUR TURNER.
Fig. 4
Fig. 5
Fig. 6.
Fig. 7.
Fig. 8.
Fig. 9
Fig. 10.
Echelle de 0m.50 p. 1m.00
3 décim.
Echelle de 0m.15 p. 1m.00
7 Décim.

Hippolyte Fontaine.

Imp. Monrocq, Paris.

E. Gillet, Autog. 19 R. Cail. Paris.

GÉNÉRATEUR MEYN.

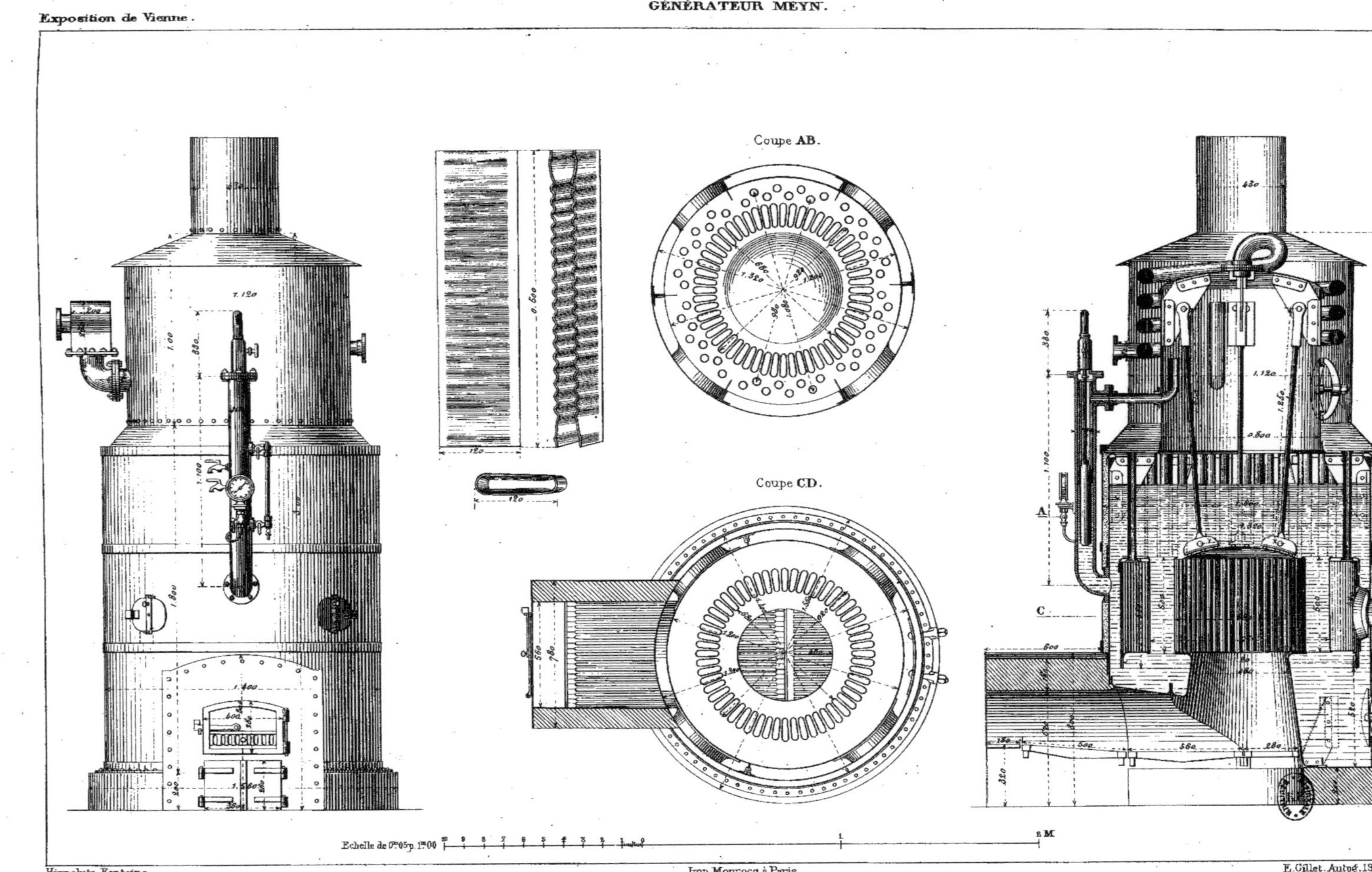

Hippolyte Fontaine.
Imp. Monrocq, à Paris.
E. Gillet. Autog. 19. R. Cail. Paris.

CHAUDIÈRE BERGMANN.

Coupe AB.

Coupe MN.

Coupe OP.

Coupe CDEF.

Echelle de 0m.025 p. 1m.00.

Hippolyte Fontaine.

Imp. Monrocq à Paris.

E. Gillet. Autog. 19. R. Cail. Paris.

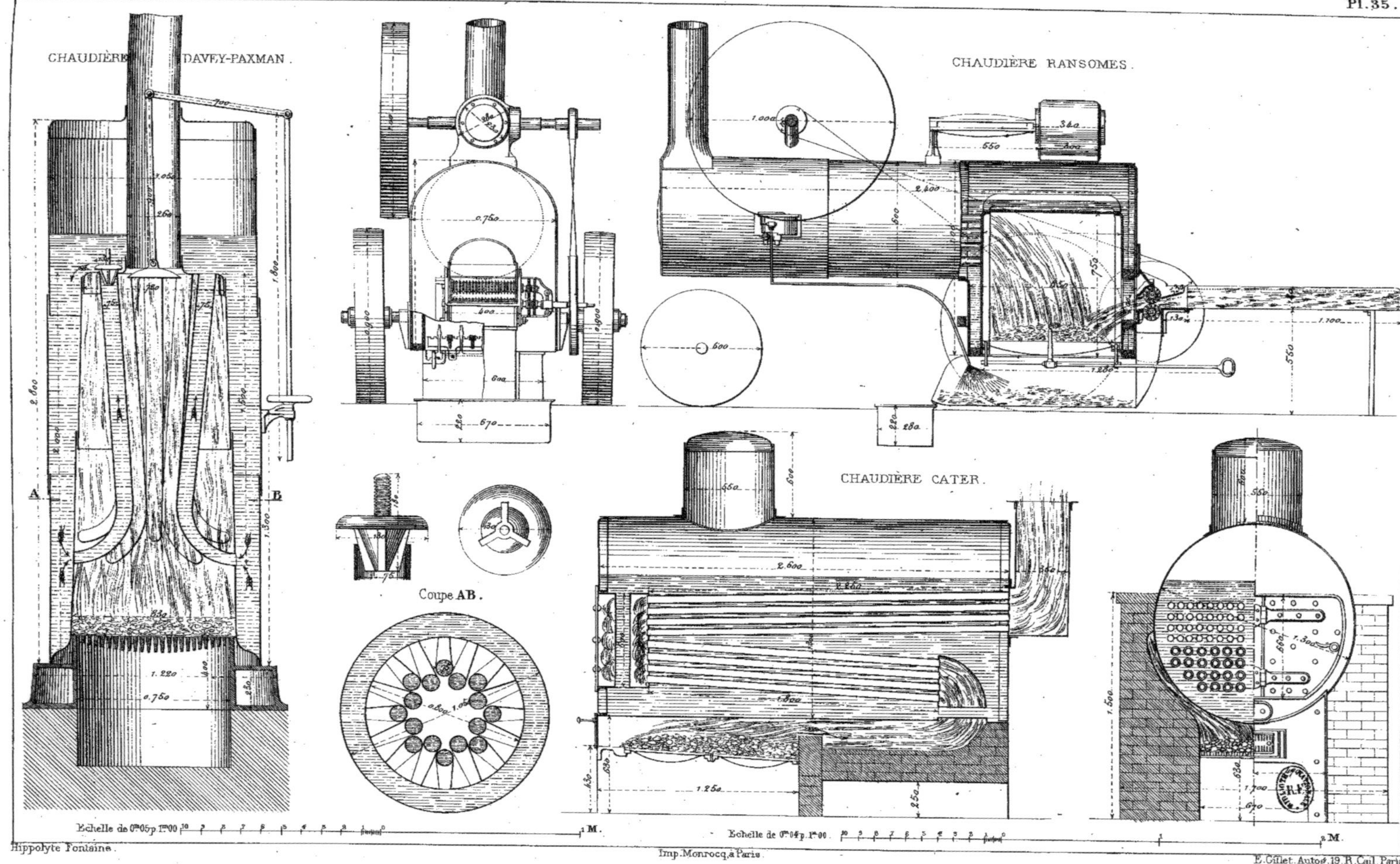

Hippolyte Fontaine.
Imp. Monrocq, à Paris.
E. Ciflet. Autog. 19. R. Cail. Paris.

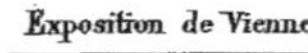

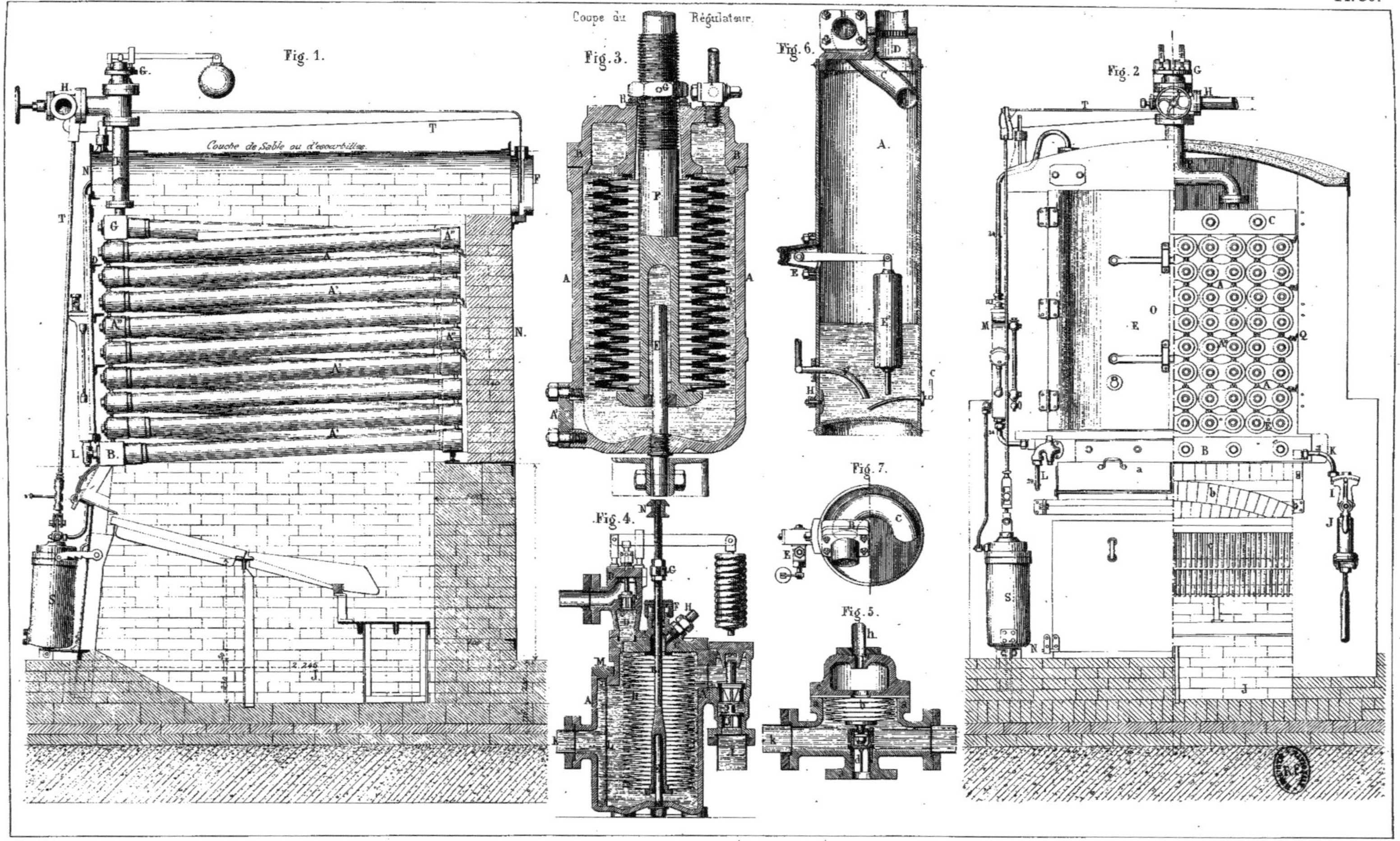

Fig. 1.

Couche de Sable ou d'escarbilles.

Coupe du Régulateur.

Fig. 3.

Fig. 4.

Fig. 5.

Fig. 6.

Fig. 7.

Fig. 2

Hippolyte Fontaine.

Imp. Monrocq, à Paris.

Hippolyte Fontaine. Imp. Monrocq. Paris. E. Gillet. Autog. 19 R. Cail. Paris.

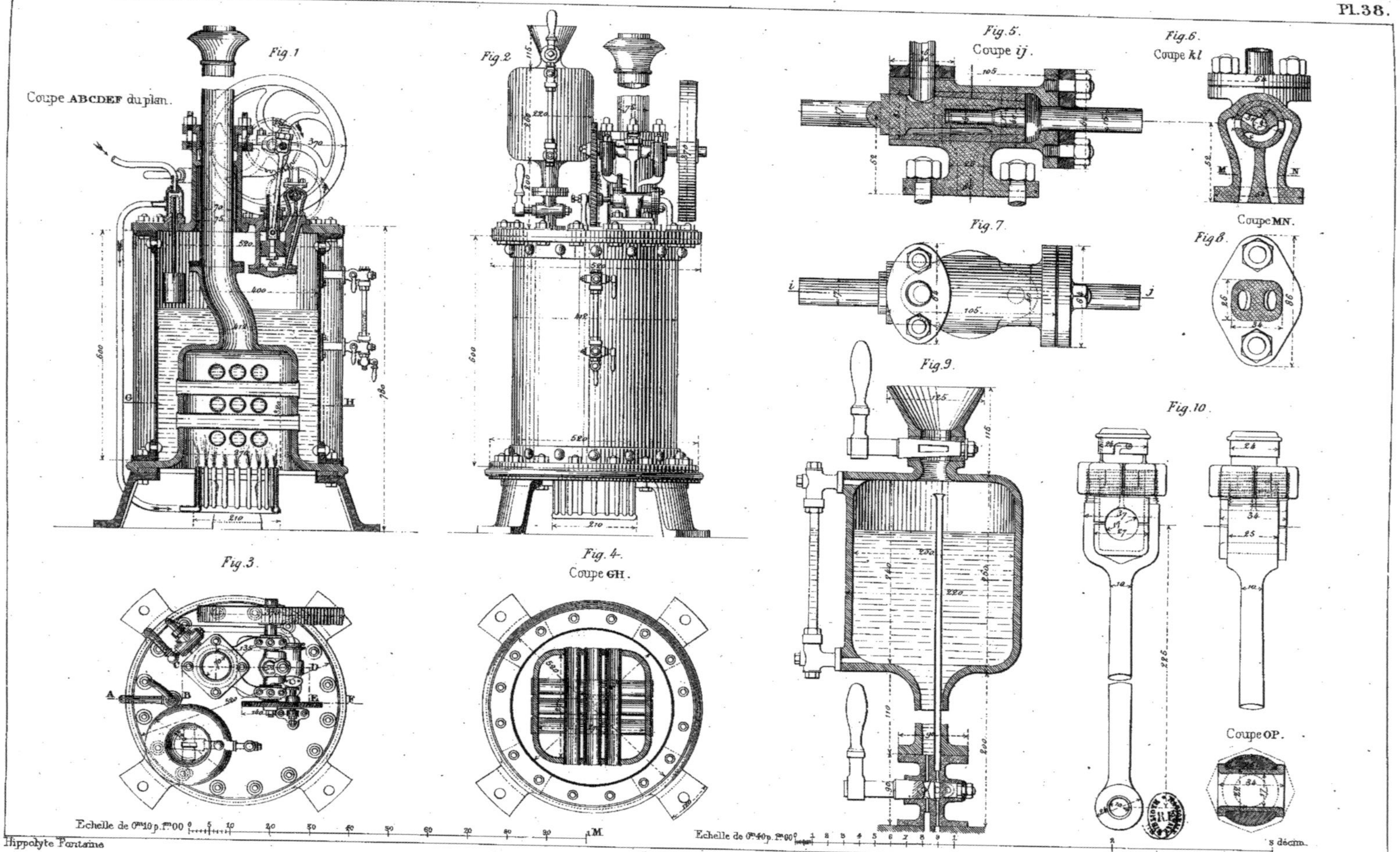

MOTEUR HIPPOLYTE FONTAINE.

Fig. 1

Coupe ABCDEF du plan.

Fig. 2

Fig. 3.

Fig. 4.
Coupe GH.

Fig. 5.
Coupe ij.

Fig. 6.
Coupe kl

Fig. 7

Coupe MN.
Fig. 8.

Fig. 9.

Fig. 10.

Coupe OP.

Echelle de 0m10 p. 1m00

Echelle de 0m40 p. 1m00

Hippolyte Fontaine

Imp. Monrocq. Paris.

E. Gillet. Autog. 19 R. Cail. Paris.

Fig. 1.

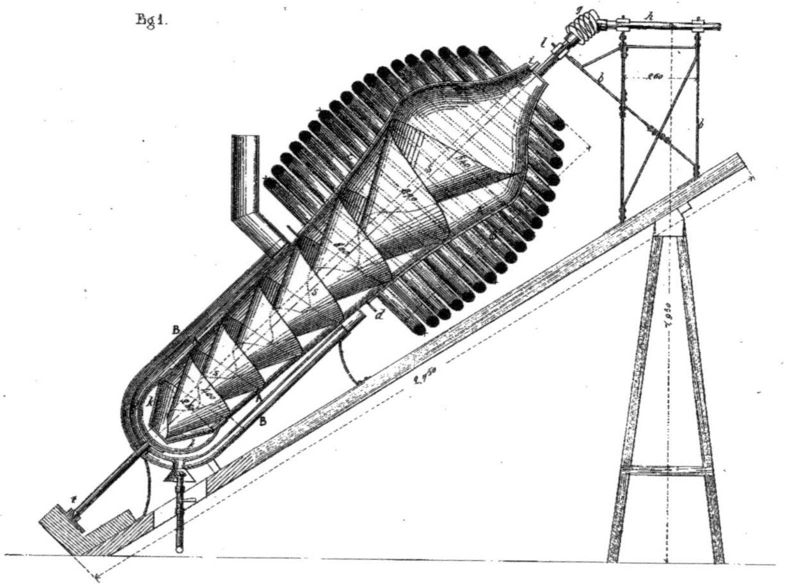

Fig. 2.

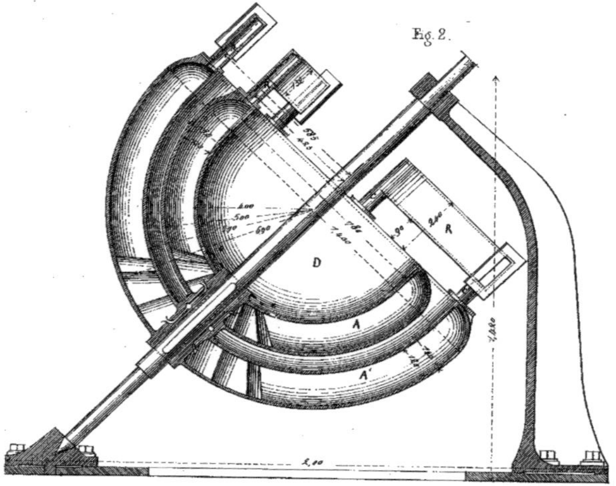

Fig. 3.

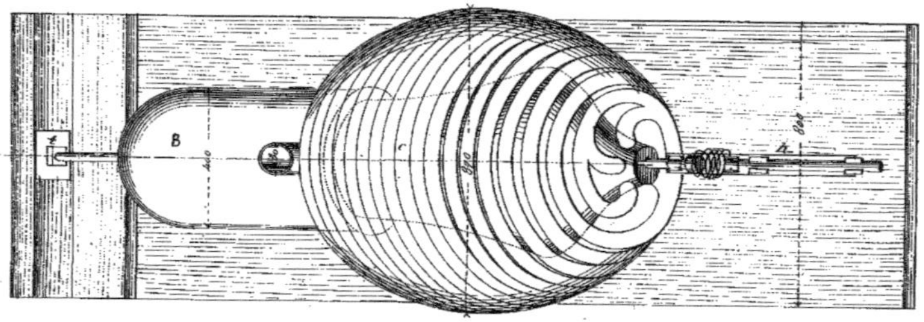

Fig. 4.

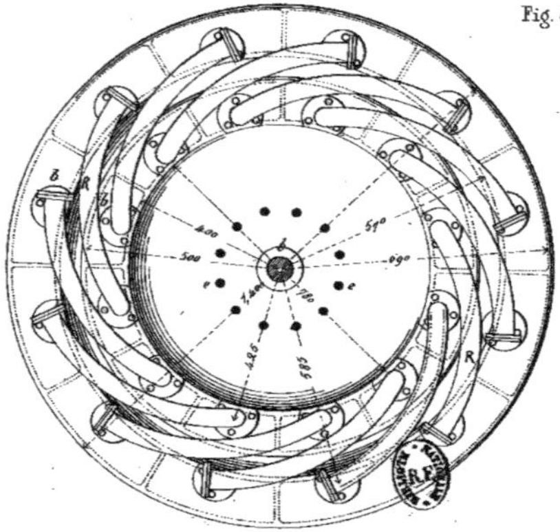

Echelle de 0,065 p^r 1 Mètre

Hippolyte Fontaine.

Imp. Monrocq, à Paris.

Autog. E. Milhés 46 Boul^d St Germain.

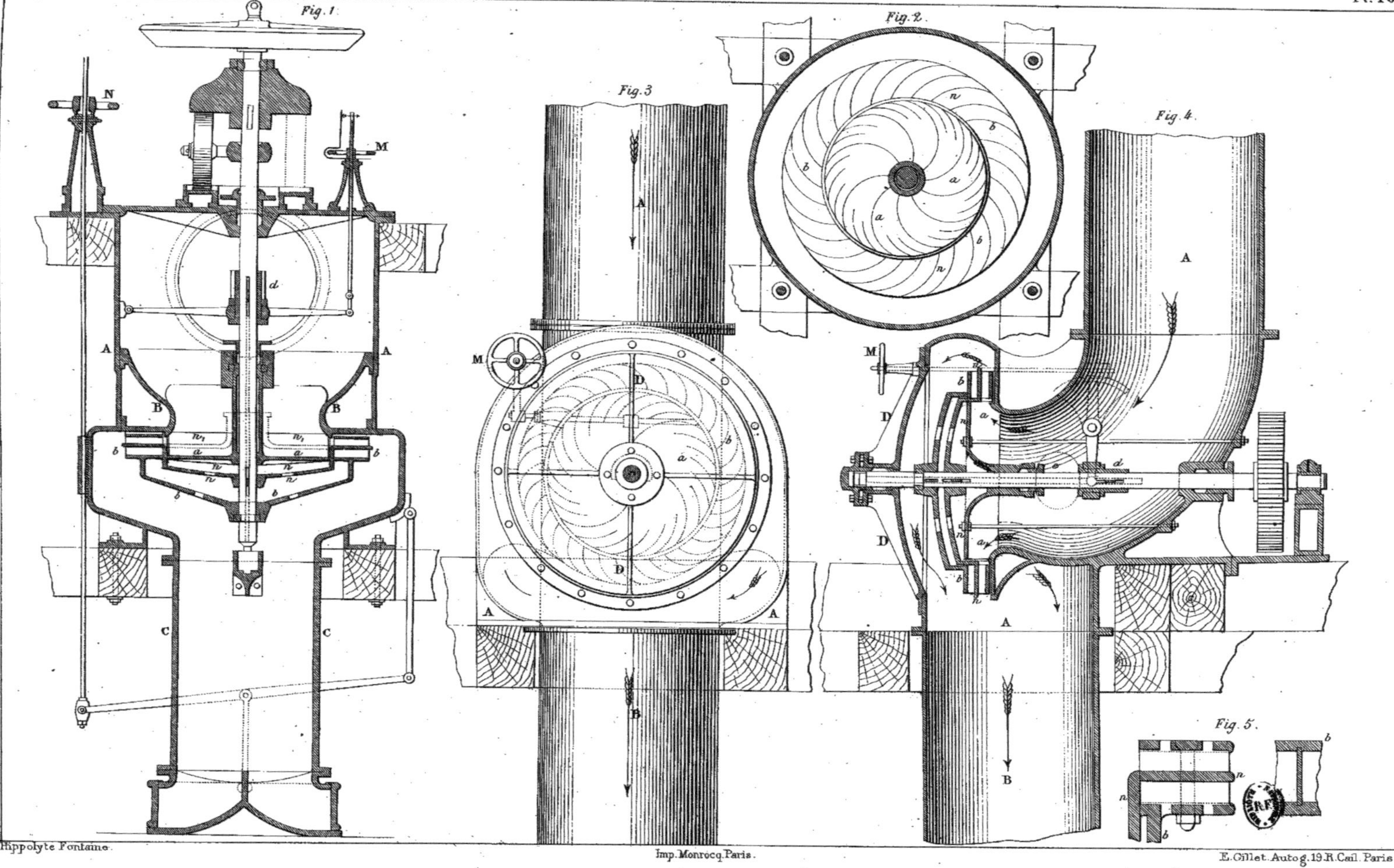

Hippolyte Fontaine.

Imp. Monrocq, Paris.

E. Gillet. Autog. 19 R. Cail. Paris.

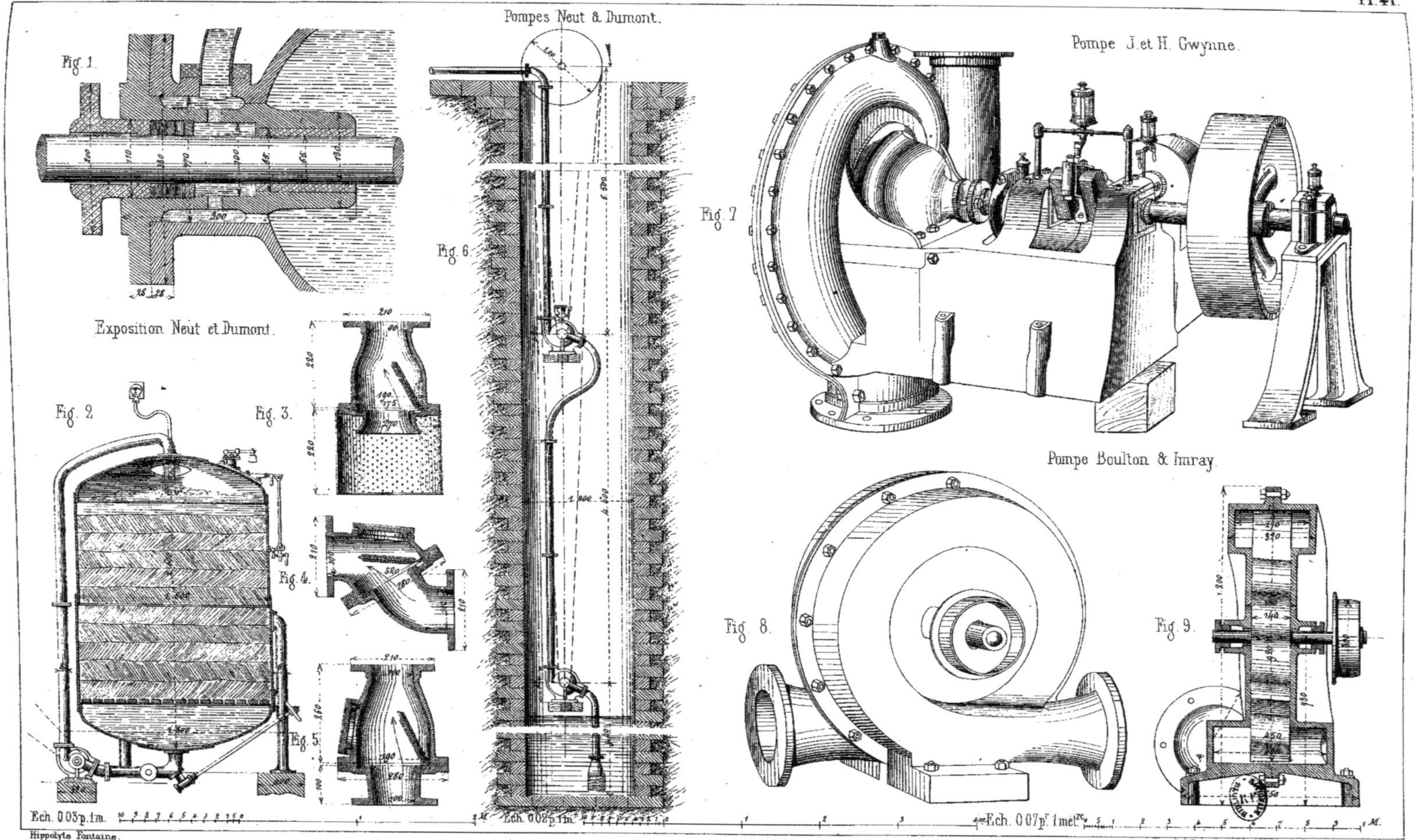

Pompes Neut & Dumont.

Pompe J. et H. Gwynne.

Fig. 1.

Exposition Neut et Dumont.

Fig. 2

Fig. 3.

Fig. 4.

Fig. 5.

Fig. 6.

Fig. 7

Pompe Boulton & Imray.

Fig. 8.

Fig. 9.

Ech. 0.03 p. 1 m.

Ech. 0.02 p. 1 m.

Ech. 0.07 p.r 1 mèt.re

Hippolyte Fontaine.

Imp. de l'Ecole Centrale, J. Dupuy & Cie 18, r. de la Perle. Paris.

PUITS ET POMPES PRUNIER.

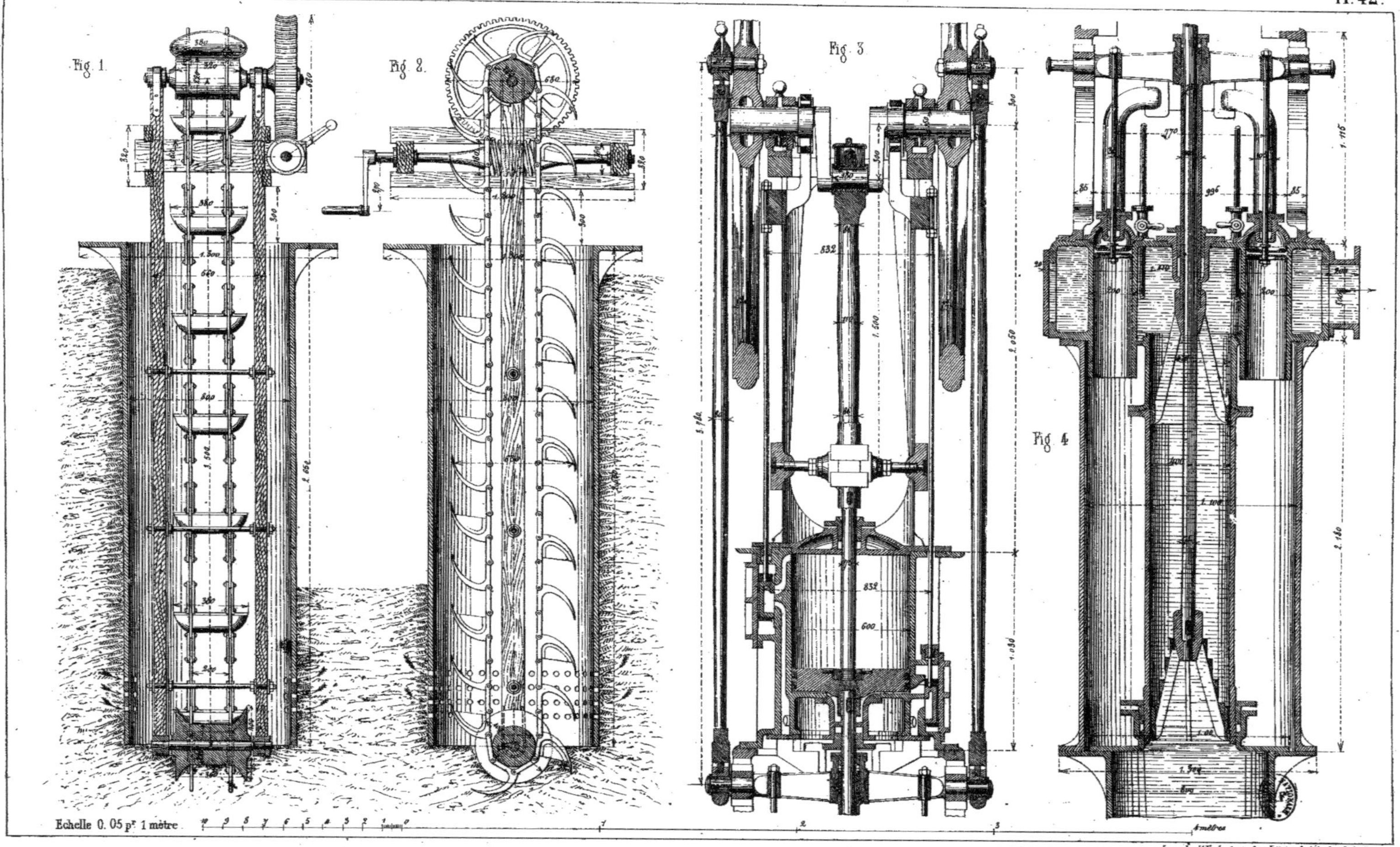

Imp. de l'Ecole Centrale, J. Dejey & Cie 18, r. de la Perle.

TURBINES NAGEL ET KAEMP.

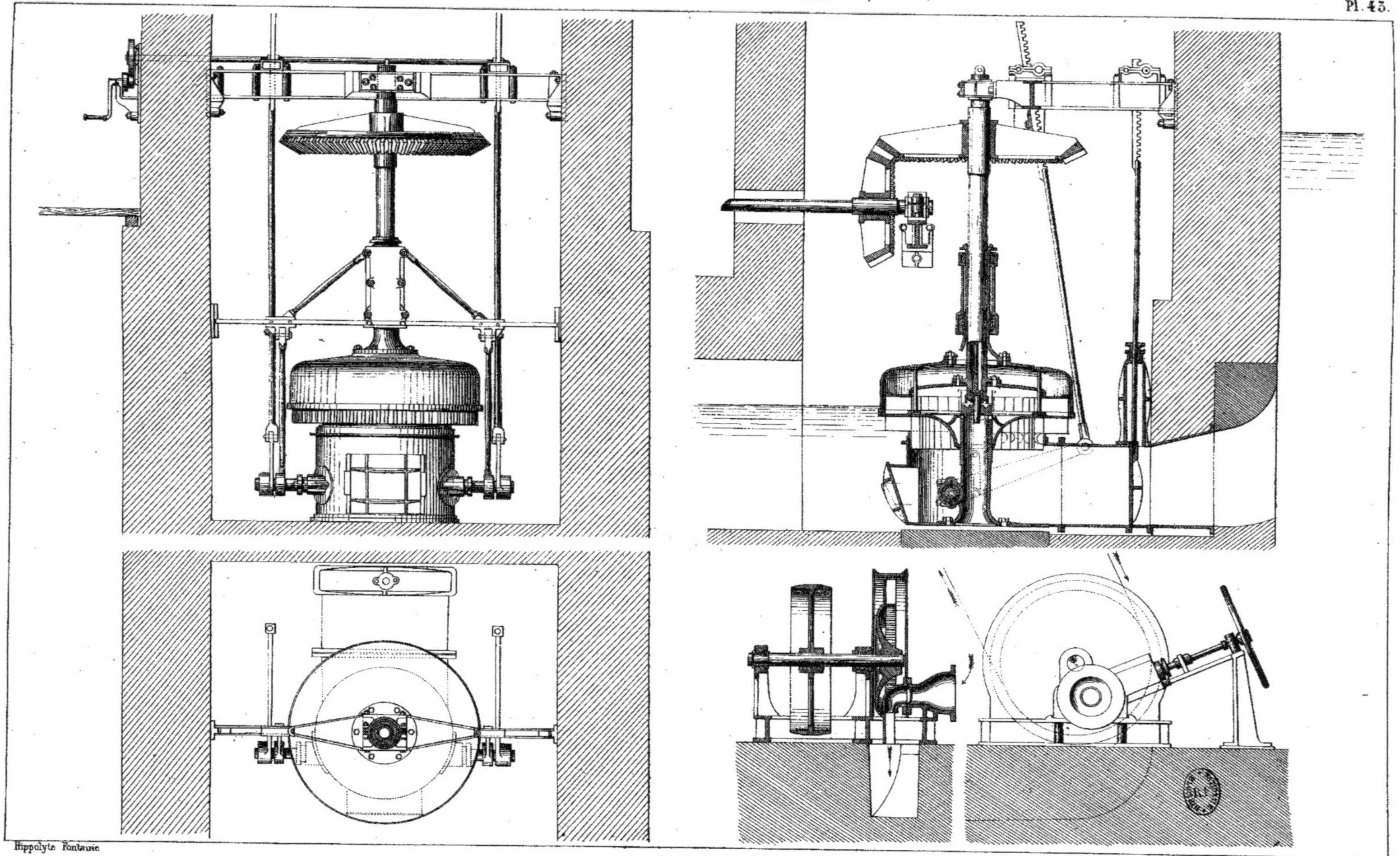

Hippolyte Fontaine

Imp. de l'École Centrale, J. Dejey & Cie, 18, r. de la Perle.

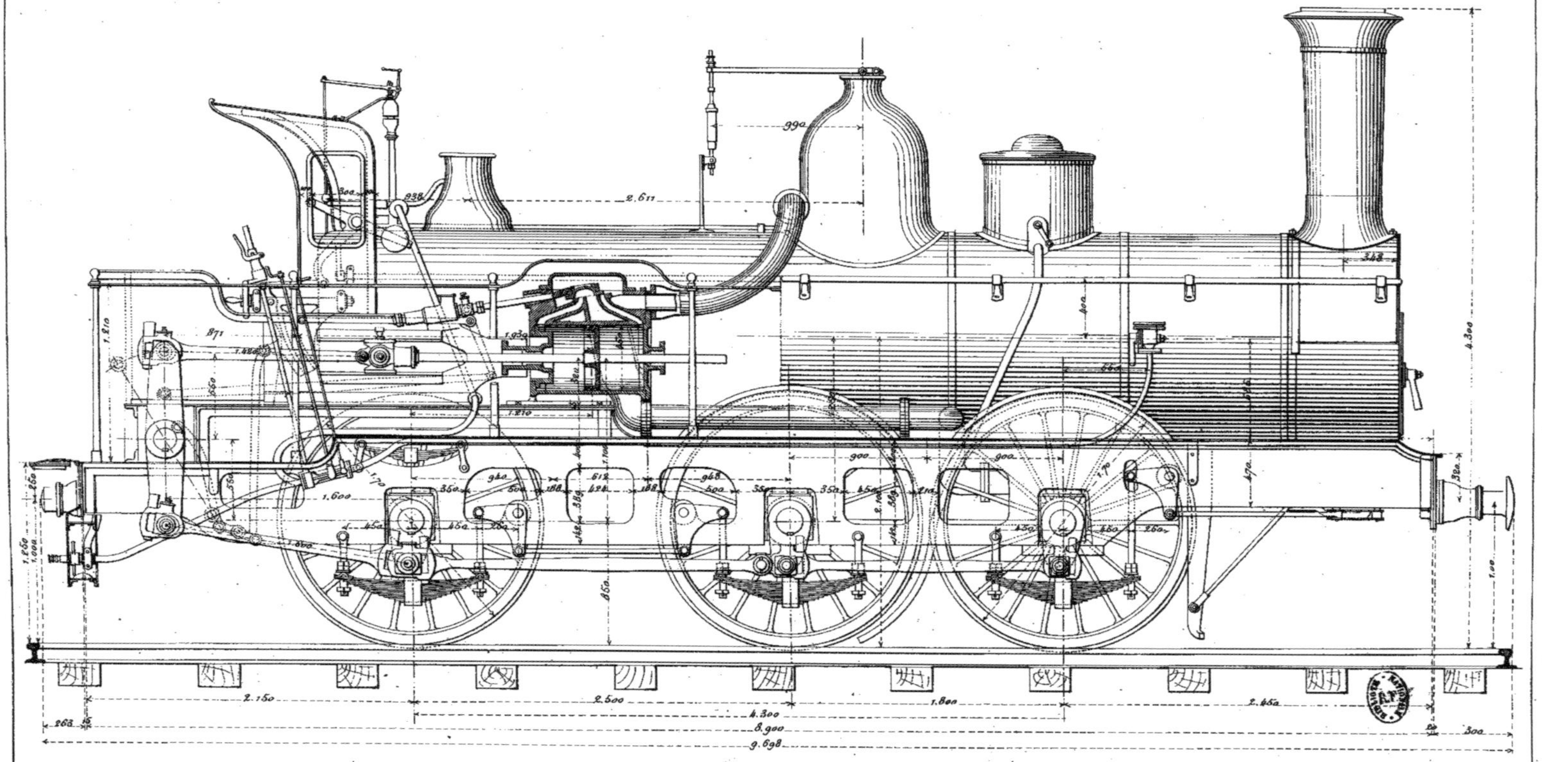

Echelle de 0m035 p. 1m00

Hippolyte Fontaine

Imp. Monrocq. Paris.

E. Gillet Autog. 19 R. Cail. Paris.

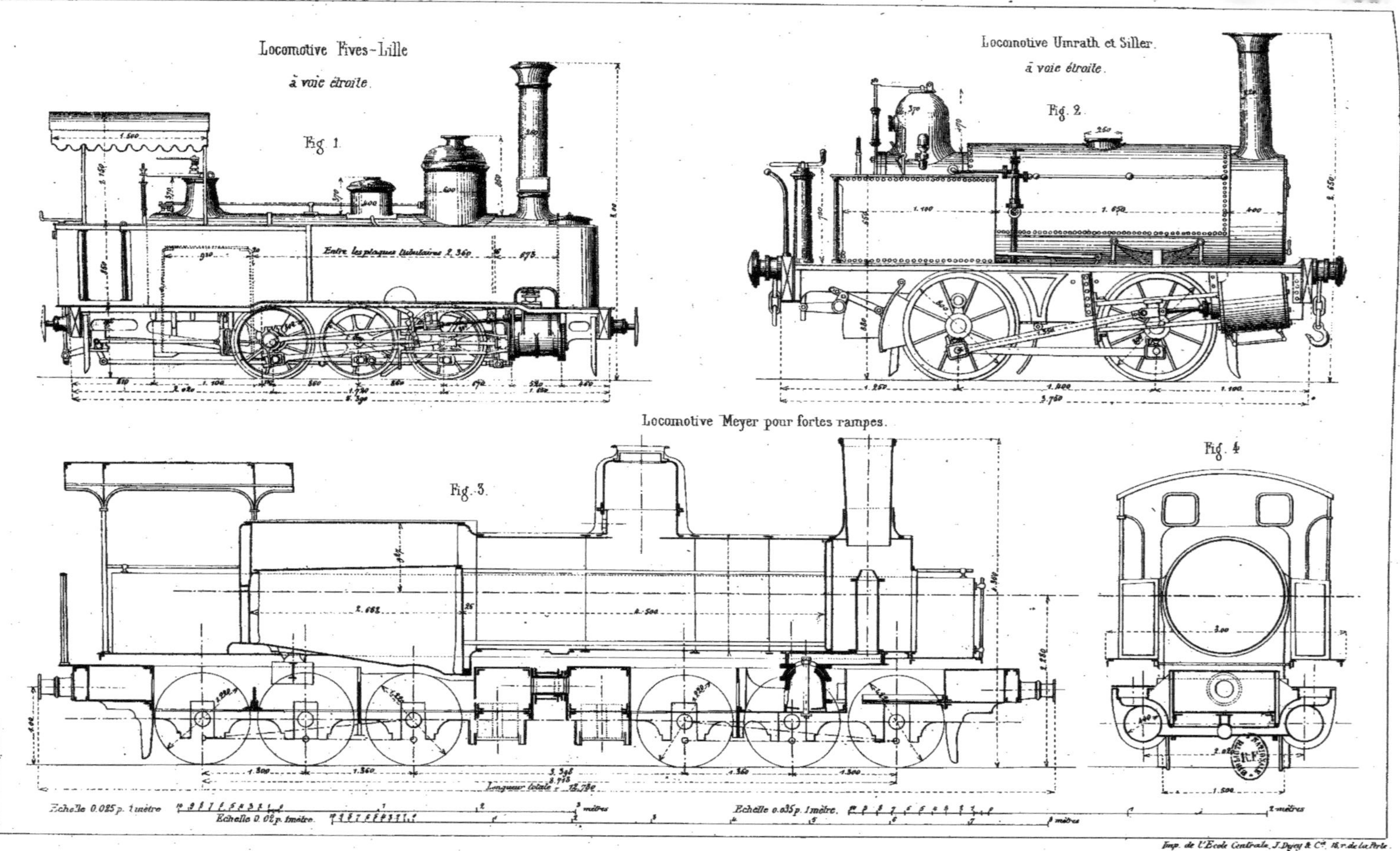

Imp. de l'École Centrale, J. Dupuy & Cie, 16, r. de la Perle.

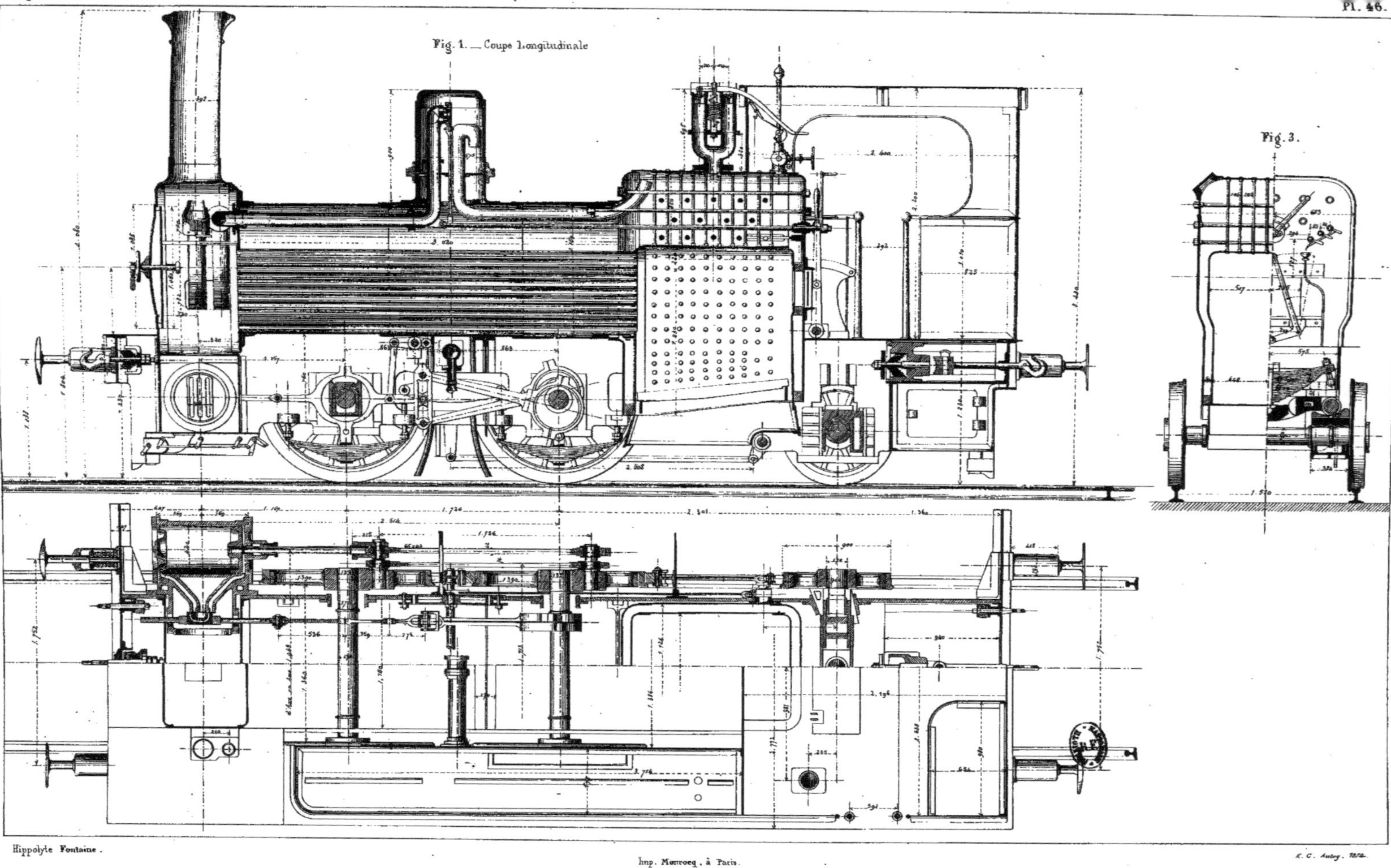

Fig. 1. — Coupe Longitudinale

Fig. 3.

Hippolyte Fontaine.

Imp. Monrocq, à Paris.

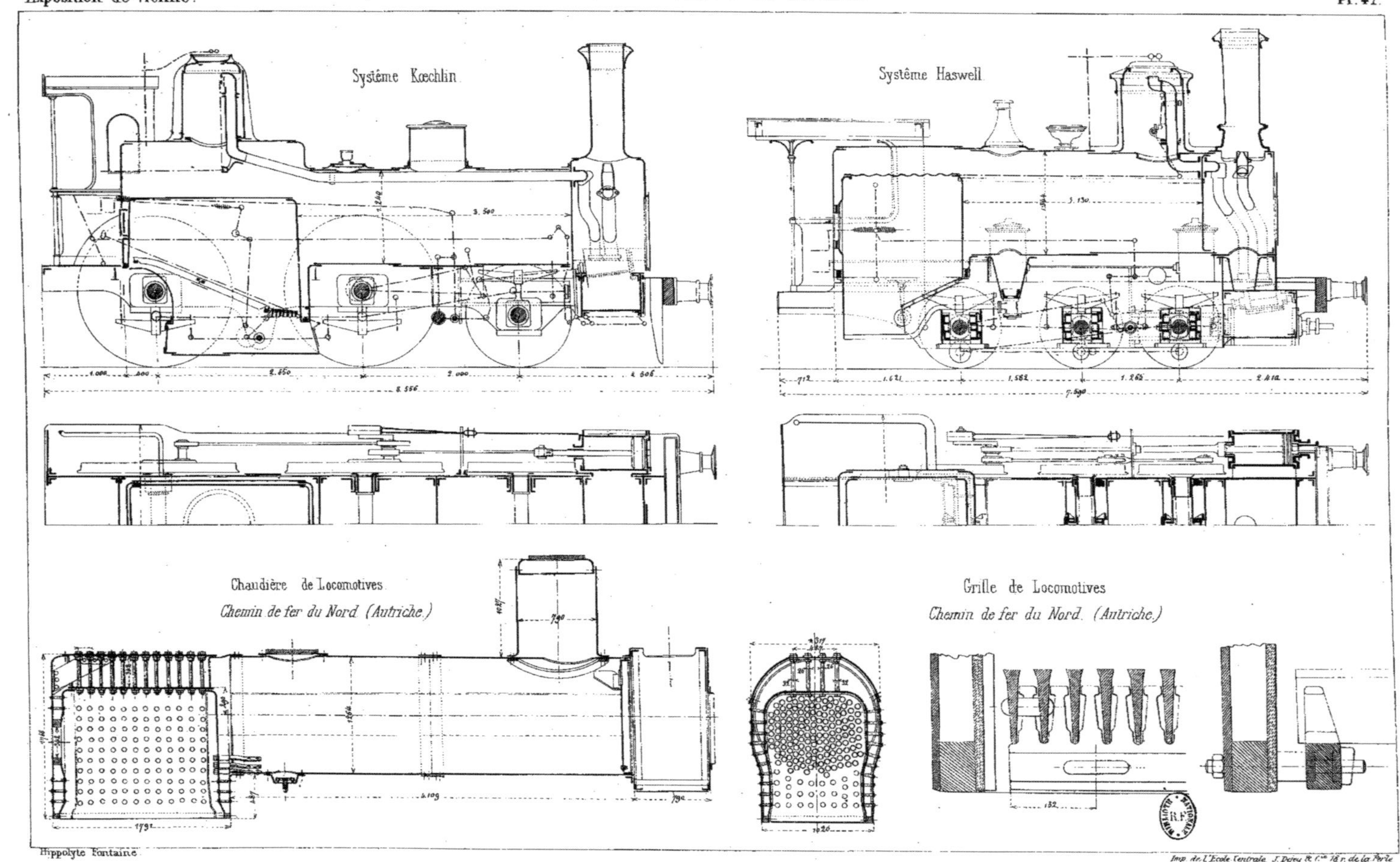

Hippolyte Fontaine.

Imp. de l'École Centrale, J. Dejey & Cie 18 r. de la Perle

WAGON EN FER DE LA SOCIÉTÉ GÉNÉRALE D'EXPLOITATION BELGE.

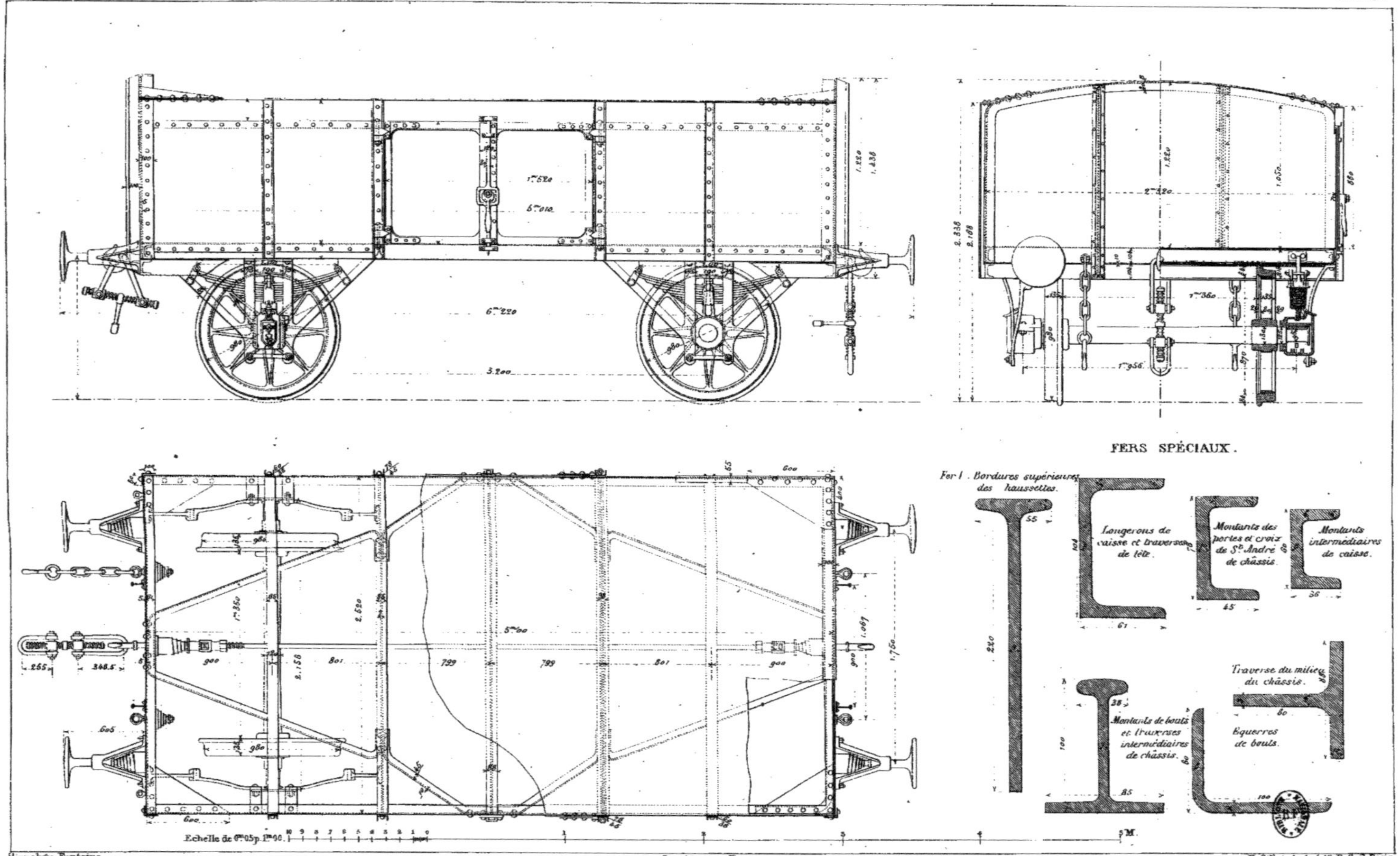

FERS SPÉCIAUX.

Fer I. Bordures supérieures des haussettes.

Langerons de caisse et traverses de tête.

Montants des portes et croix de St André de châssis.

Montants intermédiaires de caisse.

Traverse du milieu du châssis.

Montants de bouts et traverses intermédiaires de châssis.

Équerres de bouts.

Echelle de 0m.05 p. 1m.00.

Hippolyte Fontaine.

Imp. Monrocq à Paris.

E. Gillet. Autog. 19. R. Caïl Paris.

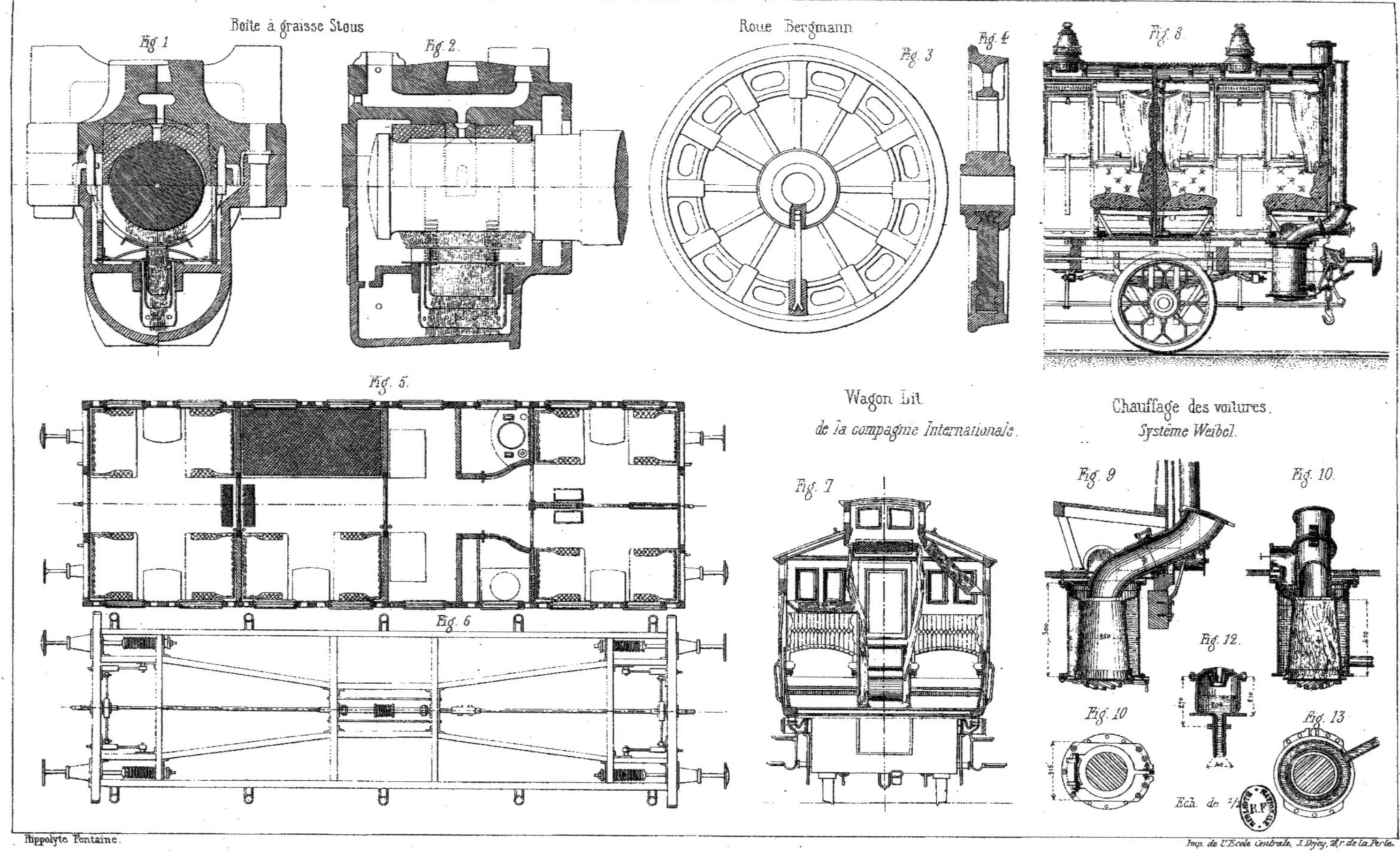
Boîte à graisse Stous
Fig. 1
Fig. 2.
Roue Bergmann
Fig. 3
Fig. 4
Fig. 8
Fig. 5.
Fig. 6
Wagon Lit
de la compagnie Internationale.
Fig. 7
Chauffage des voitures.
Système Weibel.
Fig. 9
Fig. 10.
Fig. 12.
Fig. 10
Fig. 13
Ech. de 1/4

PLAQUE TOURNANTE Système Hohnegger et PETIT CHARIOT ROULANT Système Zimmermann.

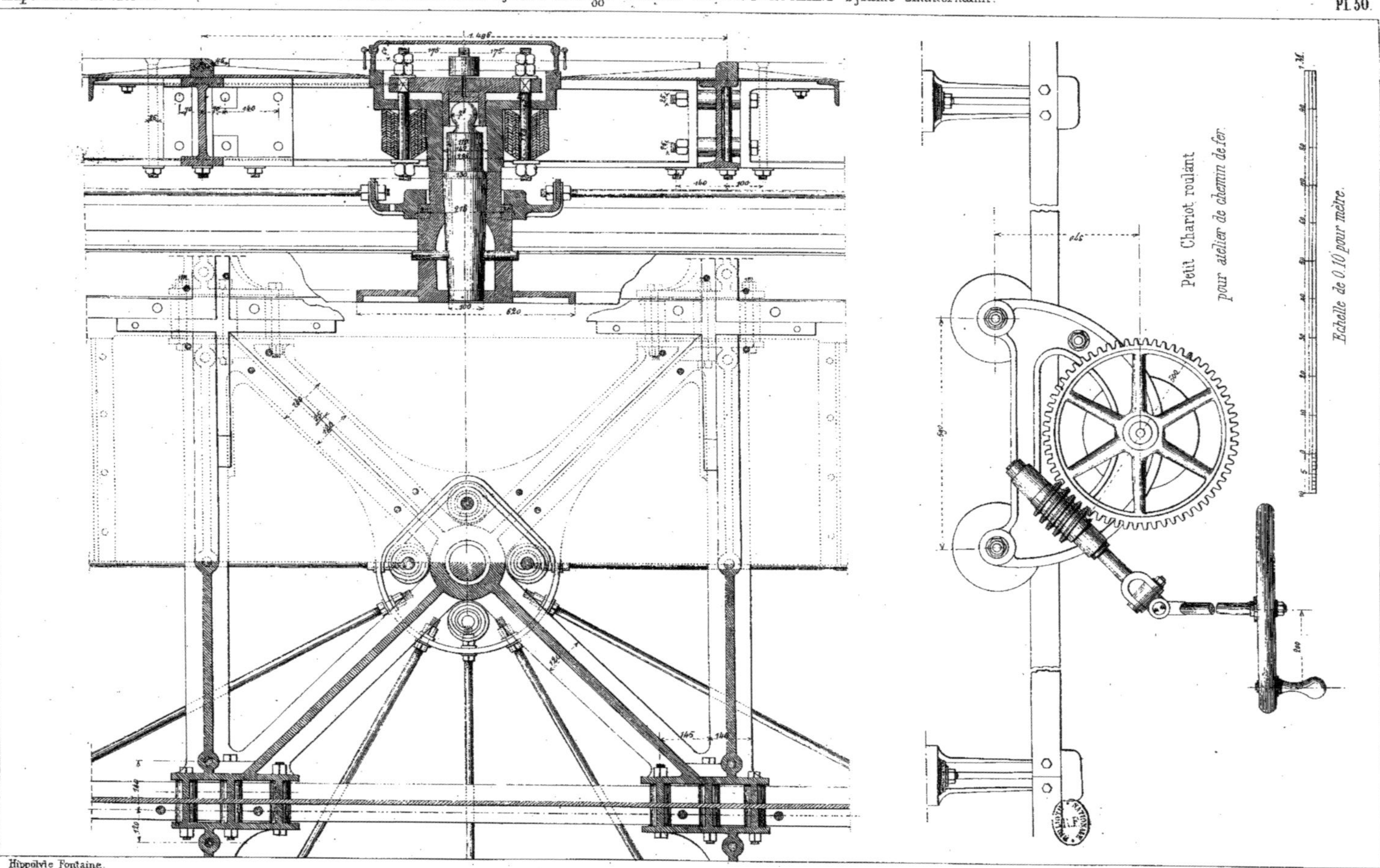

Hippolyte Fontaine.
Imp. de l'Ecole Centrale, J. Dejey & Cie, 18, r. de la Perle.

SIGNAL ELECTRIQUE SYSTEME HOHNEGGER

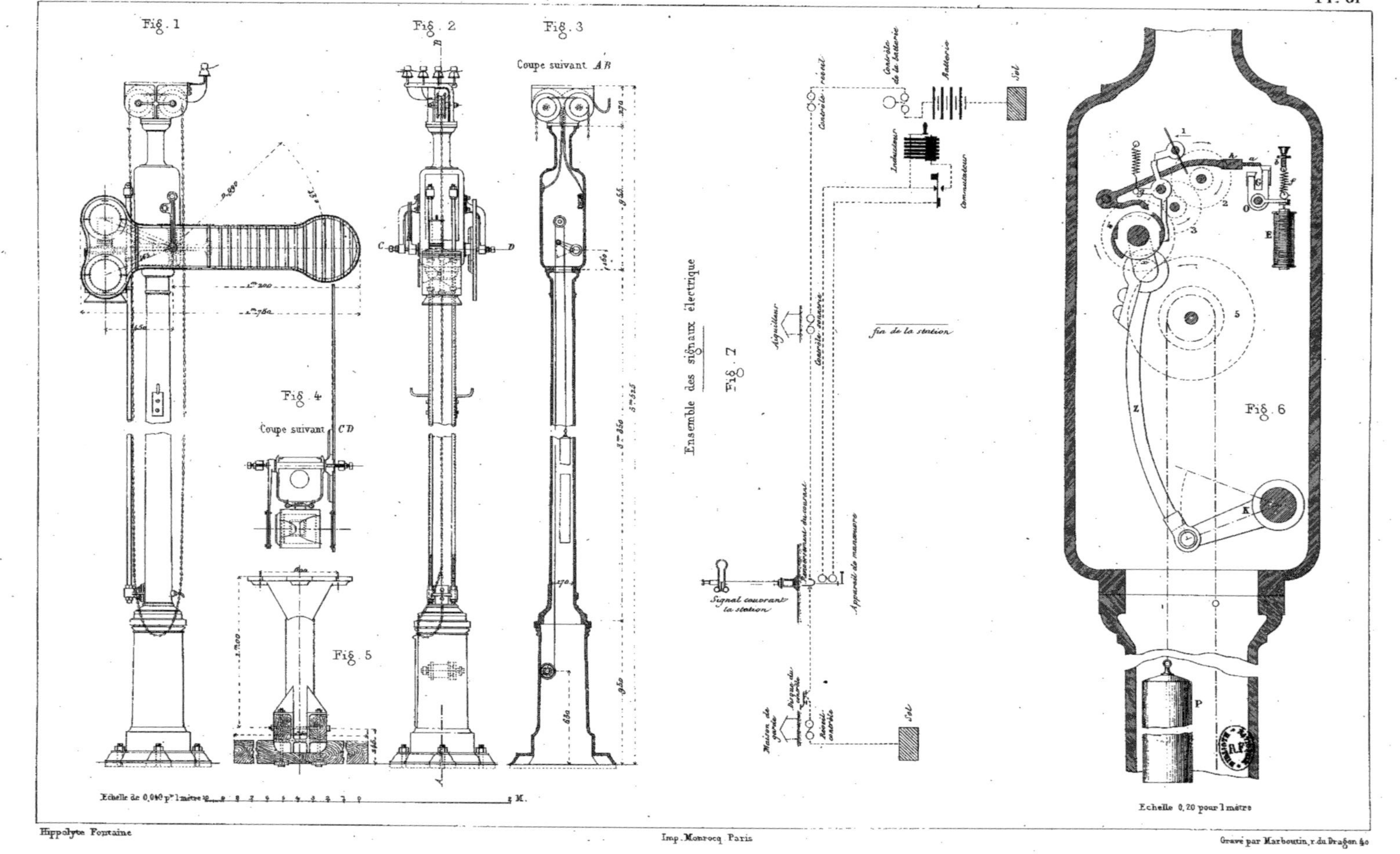

Hippolyte Fontaine

Imp. Monrocq Paris

Gravé par Marboutin, r. du Dragon 40

SIFFLET AUTOMOTEUR LARTIGUE & FOREST — GRUE HOHNËGGER.

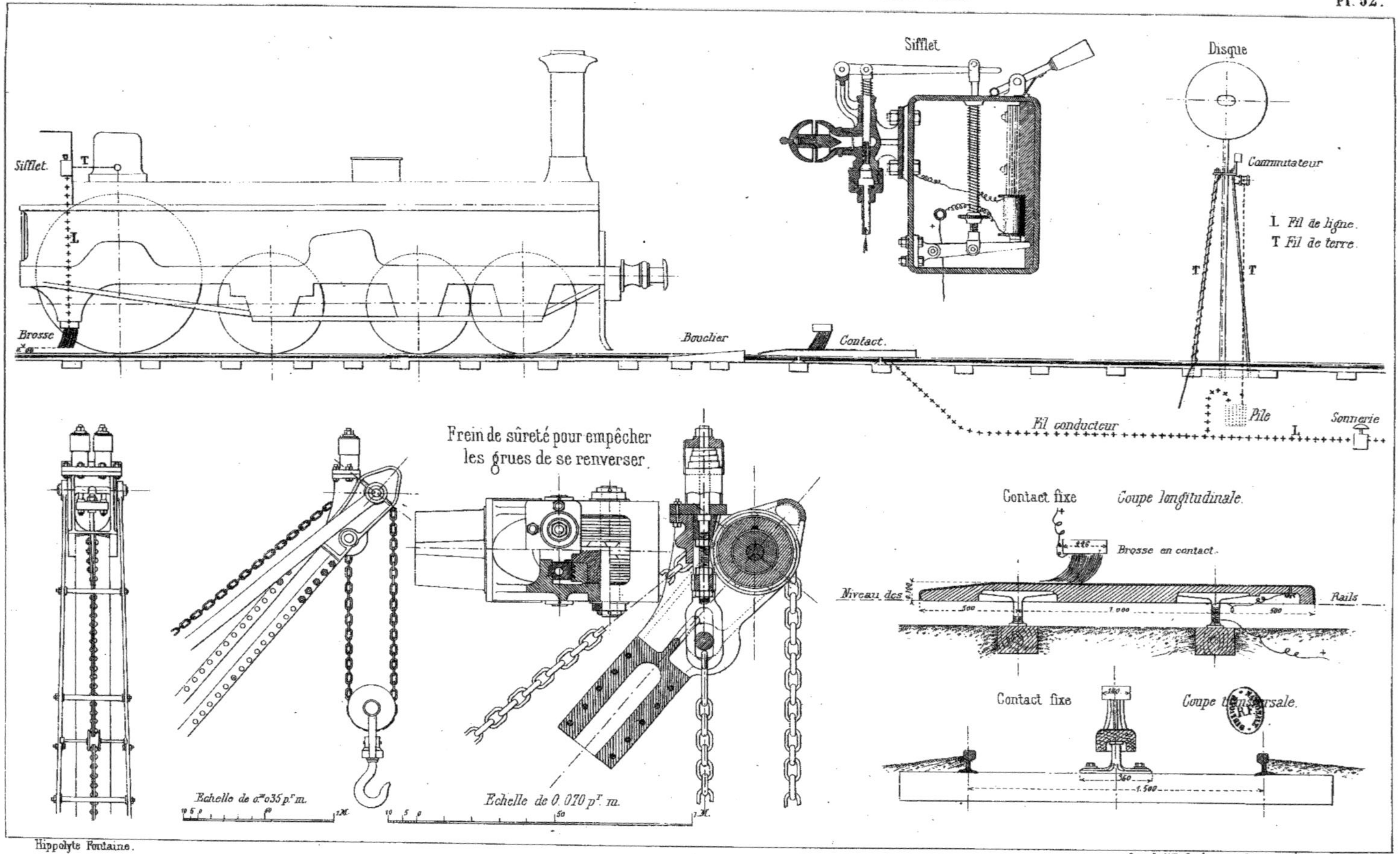

Hippolyte Fontaine.

Imp. de l'Ecole Centrale, J. Dejey & Cie 18, r. de la Perle.

PONT SUR LE DANUBE A VIENNE.

Élévation.

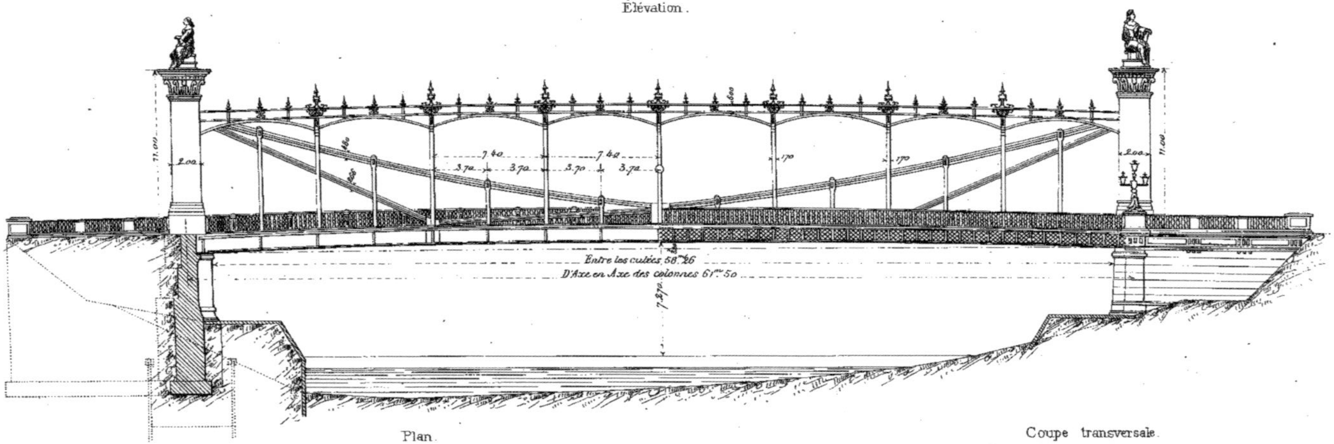

11.00
2.00
7.40
7.42
3.70
3.70
3.70
3.70
170
170
Entre les culées 58.m 26
D'Axe en Axe des colonnes 61.m 50
7.270

Plan.

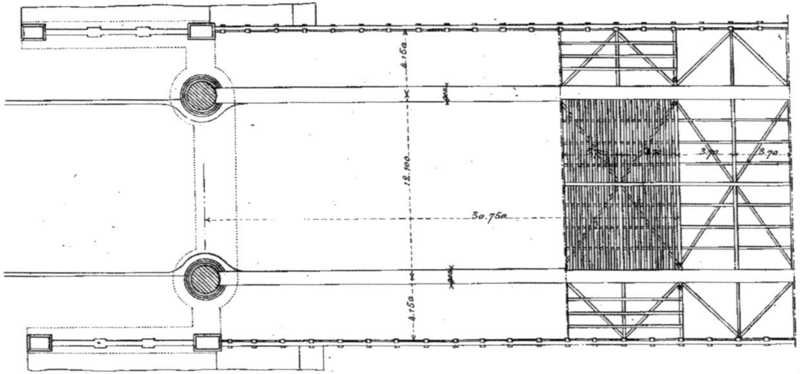

4.150
12.100
4.150
30.750
3.70
3.70

Coupe transversale.

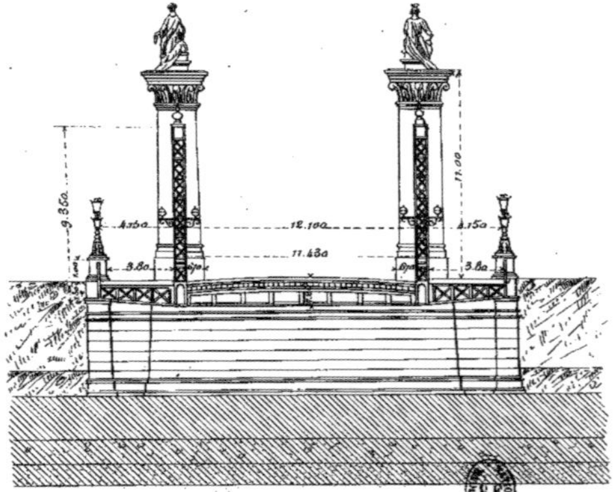

9.350
4.150
12.100
4.150
11.480
3.80
3.80
11.00

Échelle de 0.m 005 p. 1.m 00

10 9 8 7 6 5 4 3 2 1 0 10 20 30 40 50 M.

Hippolyte Fontaine.
Imp. Monrocq. Paris.
E. Gillet Autog. 19. R. Cail Paris.

RÉGULARISATION DU DANUBE A VIENNE.

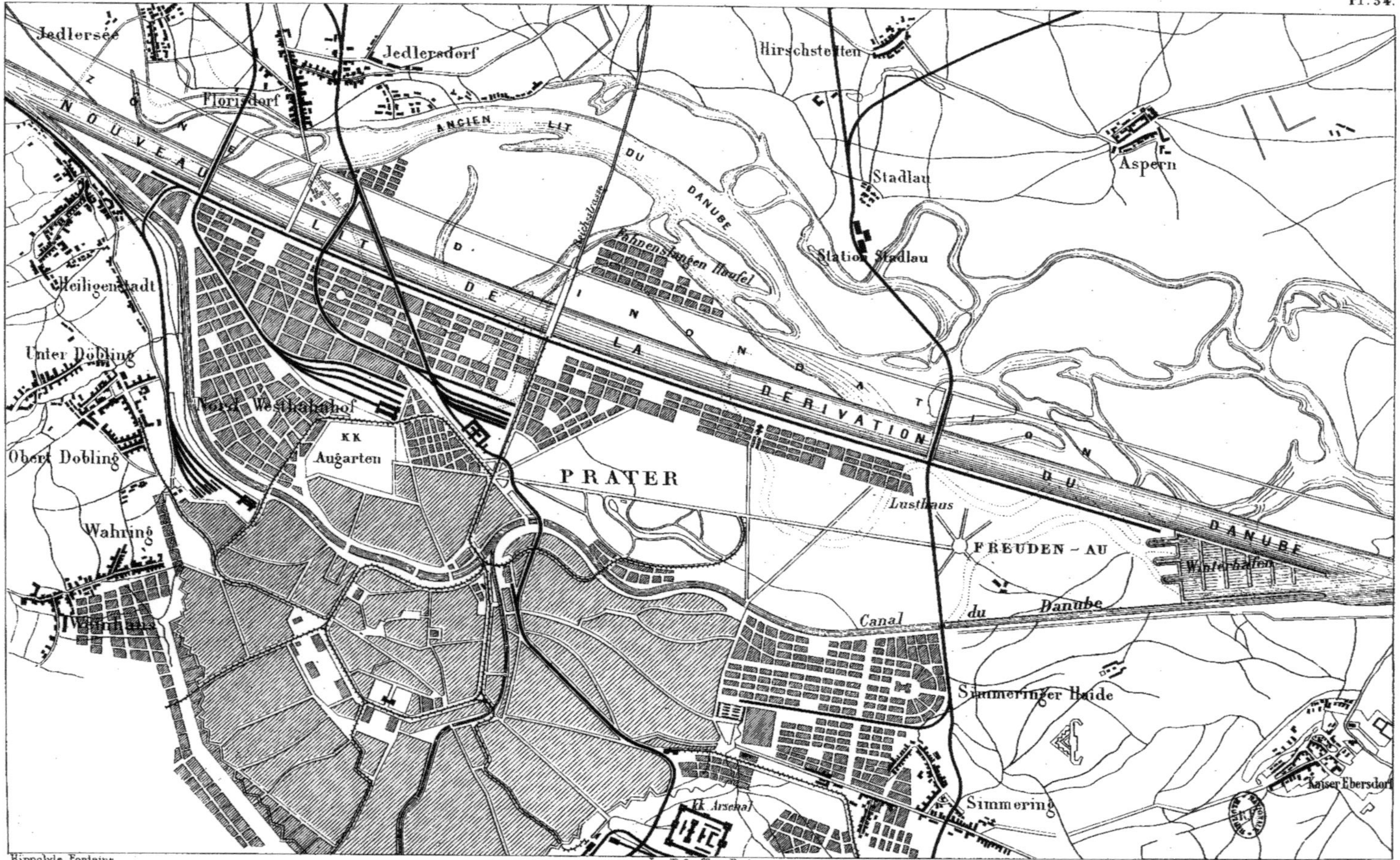

Jedlersée
Jedlersdorf
Hirschstetten
Floridsdorf
ANCIEN LIT DU DANUBE
Aspern
Stadlau
NOUVEAU LIT DE LA DERIVATION DU DANUBE
ZONE D'INONDATION
Reichsstrasse
Fahnenstangen Haufel
Station Stadlau
Heiligenstadt
Unter Döbling
Nord Westbahnhof
KK Augarten
Obert Dobling
PRATER
Lusthaus
Wahring
FREUDEN-AU
Winterhafen
Canal du Danube
Simmeringer Haide
KK Arsenal
Simmering
Kaiser Ebersdorf

Hippolyte Fontaine

Imp. E. Geoffroy. Paris

Autog. E. Geoffroy 18 Clignancourt

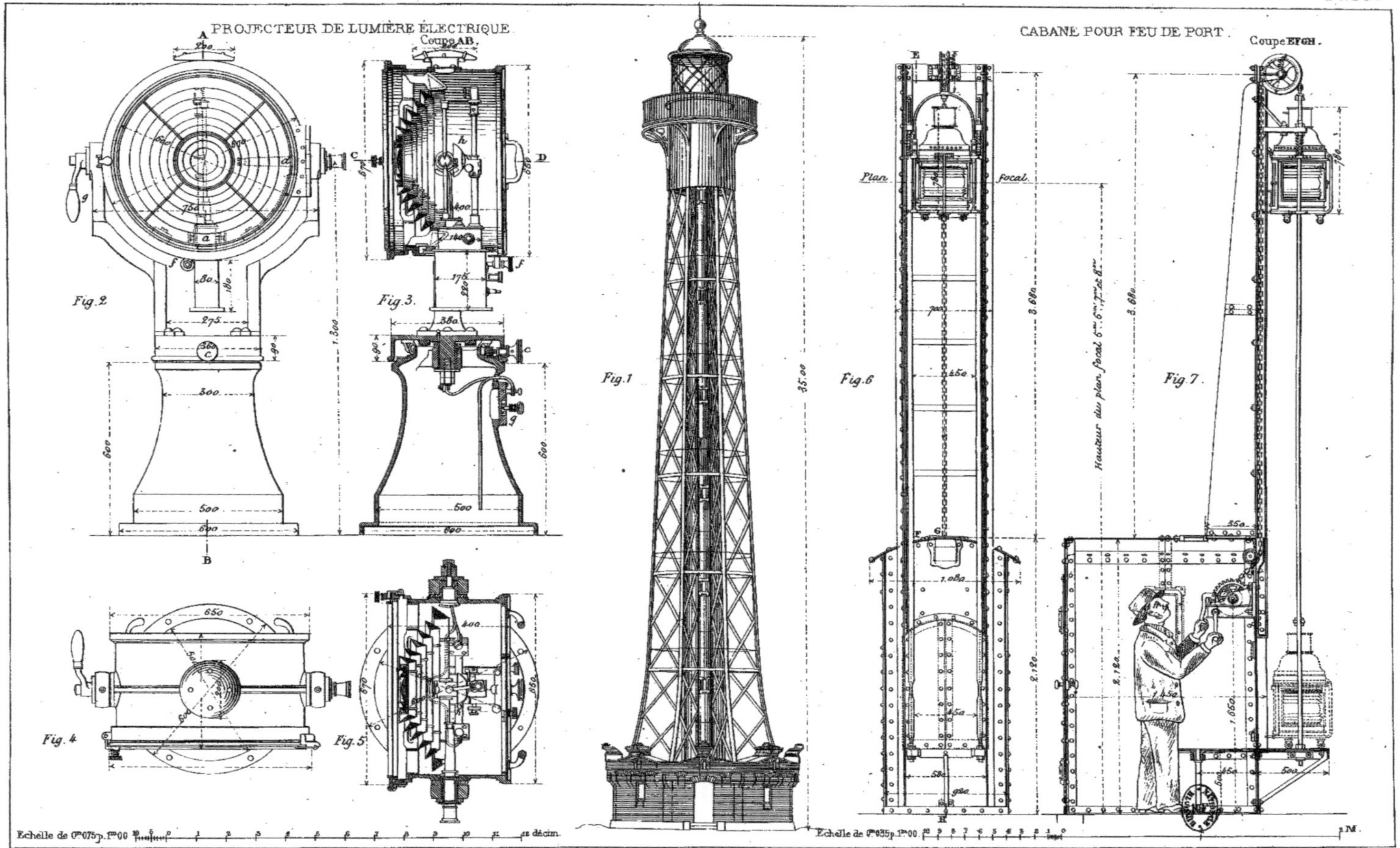

PROJECTEUR DE LUMIÈRE ÉLECTRIQUE

Coupe AB.

Fig. 1

Fig. 2

Fig. 3.

Fig. 4

Fig. 5

Échelle de 0m075 p. 1m00 — décim.

CABANE POUR FEU DE PORT.

Coupe EFGH.

Fig. 6

Fig. 7.

Plan focal.

Hauteur du plan focal 6m. 6m. 7m et 8m.

Échelle de 0m035 p. 1m00 — 1 M.

Hippolyte Fontaine. Imp. Monrocq. Paris. E. Gillet. Autog. 19 R. Cail Paris.

Jonction de la Colonne montante au tuyau de refoulement.

Disposition de l'Escalier.

Assemblage des consoles supérieures.

Assemblage de la colonne d'eau avec les montants.

Hippolyte Fontaine.
Imp. Monrocq. Paris.
E. Gillet. Autog. 19 R. Caïl. Paris.

TREUIL MÉGY, DE ECHEVERRIA ET BAZAN.

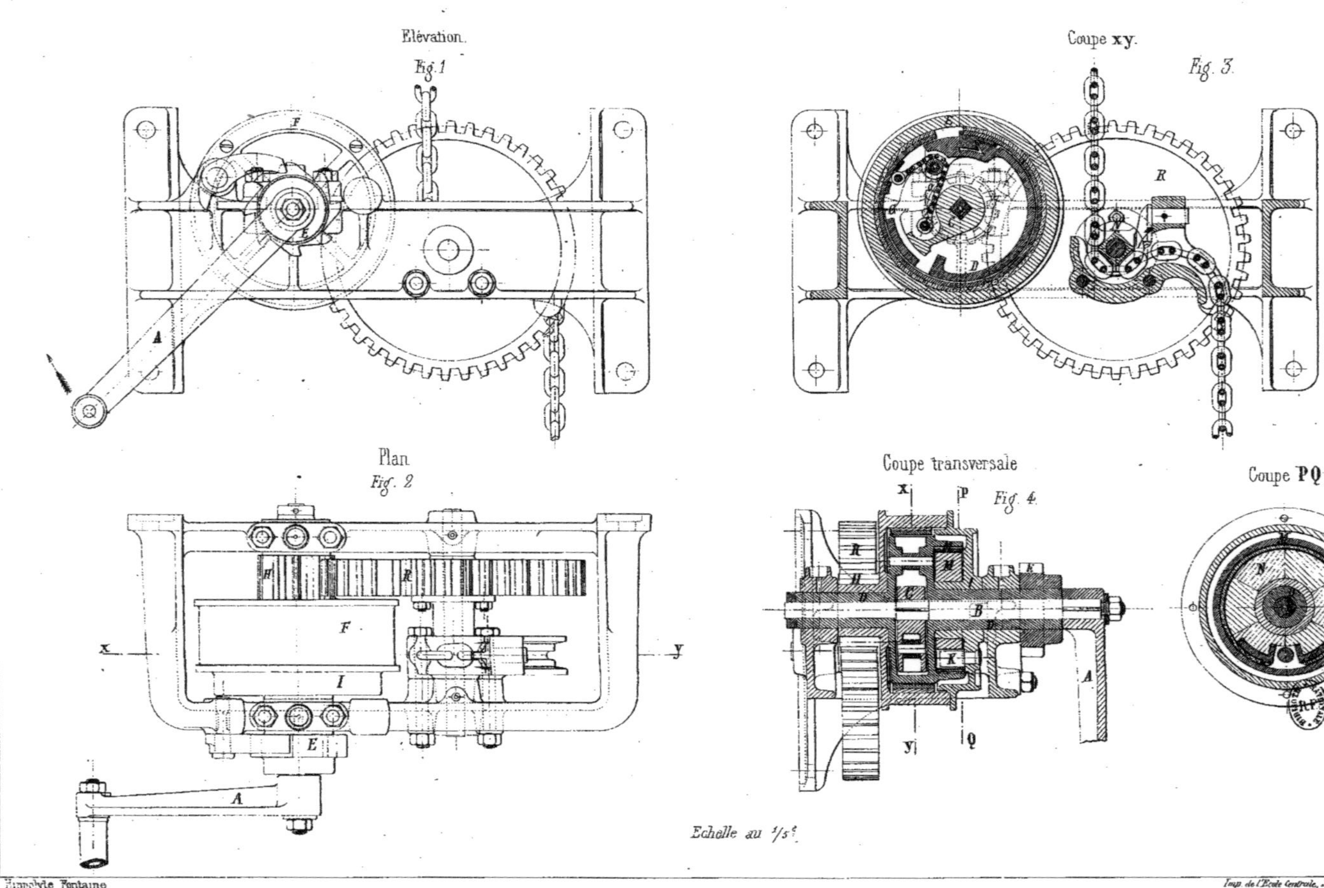

INSTALLATION D'UN ASCENSEUR POUR USINE, système MEGY, de ECHEVERRIA & BAZAN.

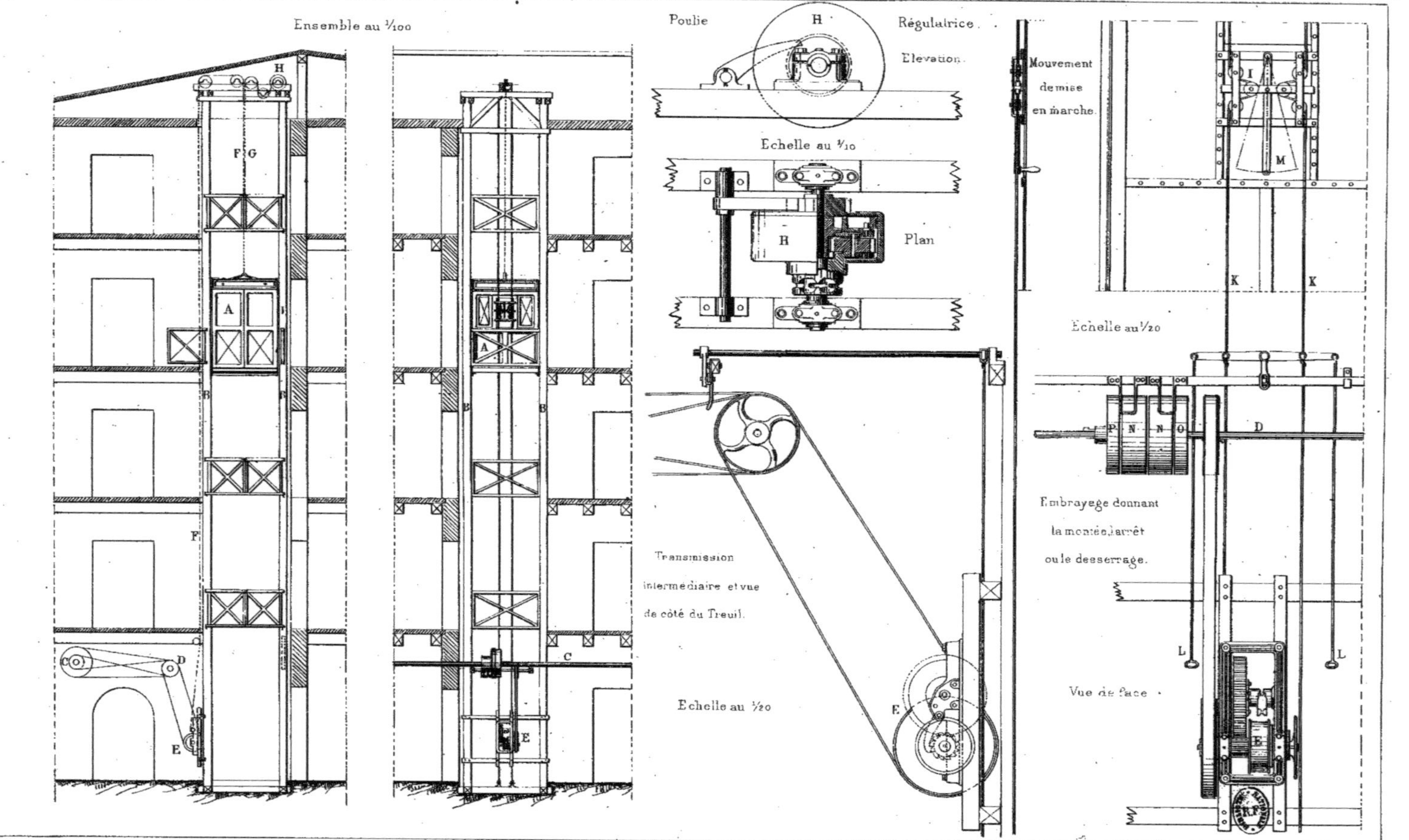

Imp. Monrocq à Paris.

ESSOREUSE ET RÉGULATEUR D'ALIMENTATION DE BUFFAUD Frères.

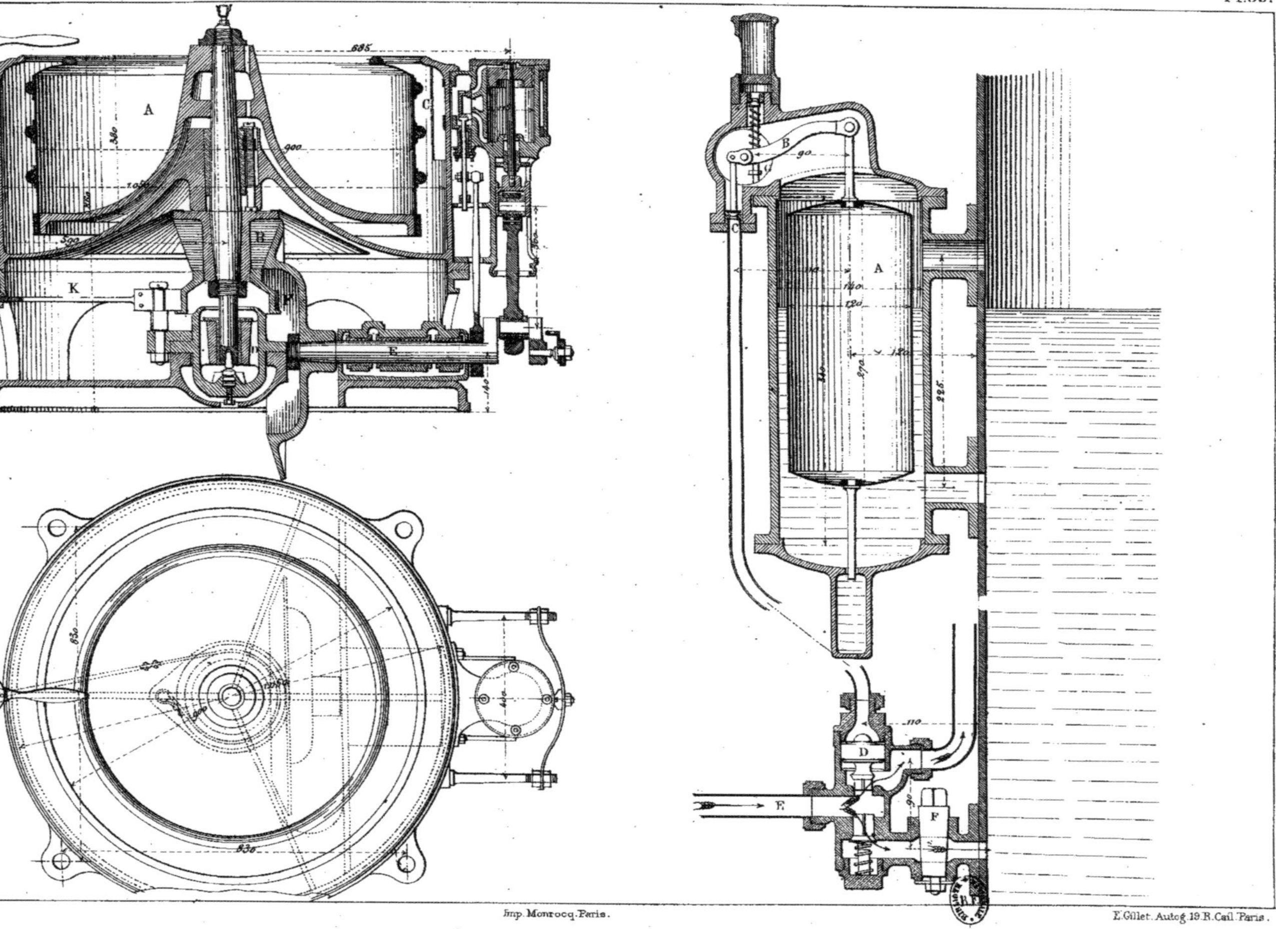

Hippolyte Fontaine
Imp. Monrocq. Paris.
E. Gillet. Autog. 19. R. Cail. Paris.

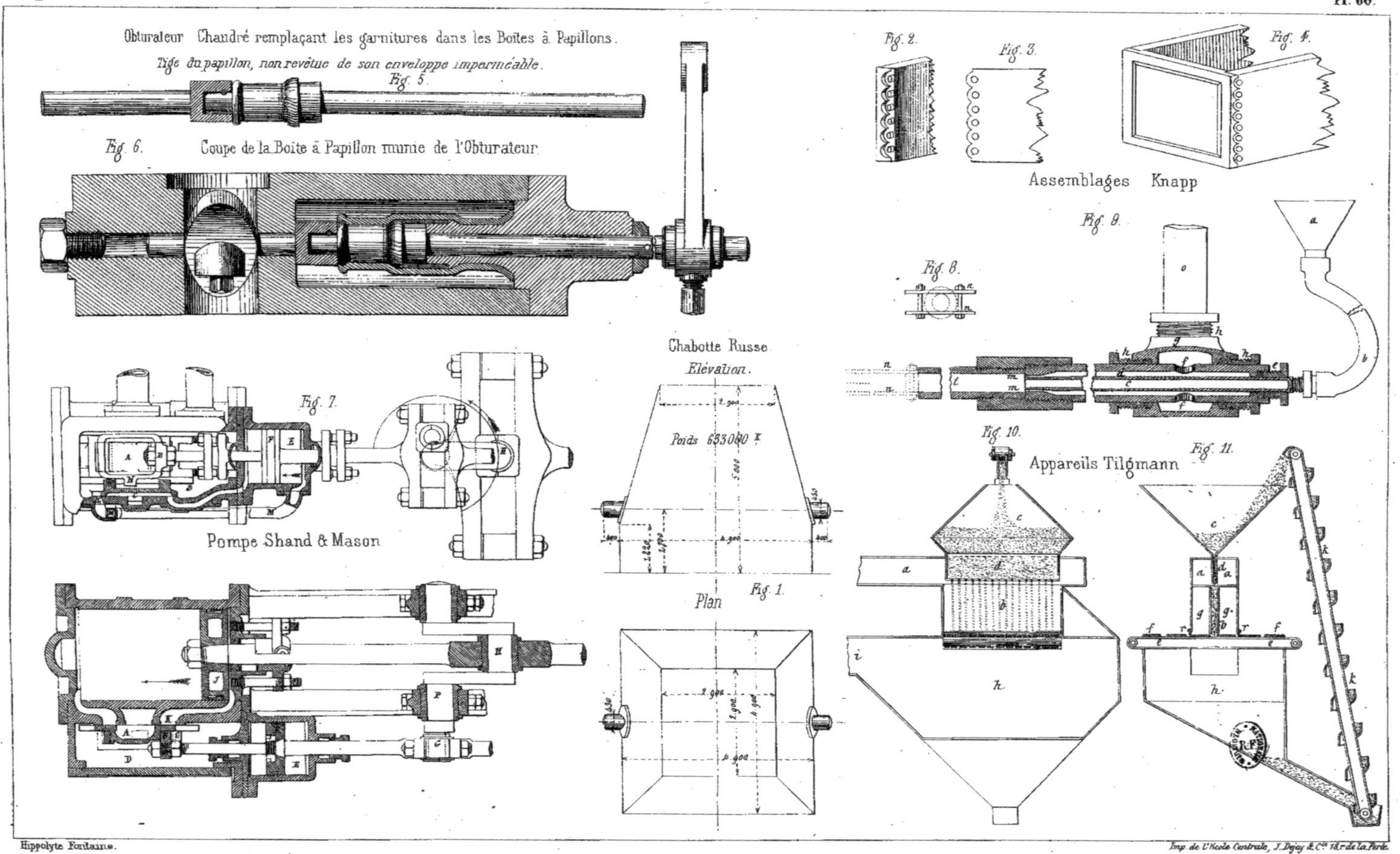

Hippolyte Fontaine.

Imp. de l'Ecole Centrale, J. Dejey & Cie 18 r. de la Perle.

EXTRAIT DU CATALOGUE

DE LA LIBRAIRIE POLYTECHNIQUE DE J. BAUDRY, ÉDITEUR

PARIS, 15, rue des Saints-Pères. — 19, rue Lambert-Lebègue, à LIÉGE

Guide de l'architecte et de l'ingénieur à Vienne, rédigé avec le concours de la Société autrichienne des architectes et ingénieurs de Vienne, par E. Winkler, professeur à l'École polytechnique de Vienne. 1 vol. in-12 élégamment cartonné........................ 9 fr.

OPPERMANN, ingénieur des ponts et chaussées. **Visites d'un ingénieur à l'Exposition universelle de 1867.** Notes et croquis, chiffres et faits utiles. 1 gros vol. grand in-8° accompagné de gravures sur bois et 1 atlas de 30 planches doubles. 2e édition................ 18 fr.

REDTENBACHER. **Résultats scientifiques et pratiques destinés à la construction des machines**, à l'usage des ingénieurs, des contre-maîtres et des élèves. 1 beau vol. grand in-8°, avec 41 planches et de nombreux tableaux. Nouvelle édition, 1874................ 15 fr.

— **Principes de la construction des organes des machines**, traduit de l'allemand par MM. Mérijot et Debize. 1 vol. et 1 atlas de 45 planches grand in-8°.............................. 20 fr.

COCKERILL **(Portefeuille de John).** Description des **Machines** d'épuisement, d'extraction, de fabrique d'outillage, machines de bateaux à vapeur, locomotives et matériel de chemins de fer, roues hydrauliques, etc.; appareils de papeteries, de sucreries, moulins à farine, ventilateurs, etc., construits *dans les établissements de Seraing*, depuis leur fondation jusqu'en 1866. Publié avec l'autorisation de la Société Cockerill. 2 forts vol. grand in-4°, et 2 atlas in-folio contenant 200 planches.... 200 fr.

COCKERILL **(Portefeuille de John), nouvelle série.** Machines de tous genres ; locomotives et matériel de chemins de fer, ponts en fer, navires à vapeur, dragueurs, machines-outils, etc., etc., — récemment exécutés dans les établissements de la Société Cockerill, à Seraing, Anvers et Saint-Pétersbourg, sous la direction de M. E. Sadoine, ingénieur, directeur général de la Société Cockerill.

Cette nouvelle série se composera de 100 planches in-folio gravées avec le plus grand soin, et d'un volume de texte in-4°, dans le même format que les deux premiers volumes.

Elle se publie en 5 livraisons, composées chacune de 20 planches et de 10 feuilles de texte. Prix de la livraison.................... 20 fr.

Constructionem und Entwürfe aus dem Gebiete des Maschinenbaues. Constructions et croquis à l'usage du constructeur de machines, moulins, grues, presses, roues hydrauliques, turbines, machines à vapeur, machines de bateaux, pompes, etc. 42 planches grand in-folio oblong.. 20 fr.

FARCOT (Joseph), ingénieur de la maison Farcot et ses fils. **Le Servo-Moteur ou Moteur asservi.** Ses principes constitutifs. — Variantes diverses. — Application à la manœuvre des gouvernails. 1 vol. in-8°, avec 37 planches.. 4 fr.

HUIN, ingénieur des constructions navales. **Théorie et Description des régulateurs marins isochrones** à bras et à bielles croisés, à deux centres d'oscillation, de MM. Farcot et ses fils. 1 brochure in-8°, accompagnée de figures dans le texte et de 4 planches gravées... 3 fr.

HART, ingénieur. **Die Werkzeugmaschinen für den Maschinenbau** für Metal und Holzbearbeitung. Construction des machines-outils pour le travail des métaux et du bois, par J. Hart, professeur de construction de machines à l'École polytechnique de Carlsruhe. 72 planches in-folio, cotées et à l'échelle, et 1 vol. de texte in-8°. Nouvelle édition, 1872.. 60 fr.

VIDAL, ancien élève de l'École polytechnique. **Législation des machines à vapeur.** Décret du 25 janvier 1865. Lois et ordonnances en vigueur. Textes du droit commun qui s'y rattachent. Commentaire. 1 vol. in-18.. 1 fr. 50

WITH (Émile), ingénieur civil. **Les Machines.** Leur histoire, leur description, leurs usages. 2 beaux vol. in-8° cavalier, avec 450 figures dans le texte.. 16 fr.

JORDAN, ingénieur, professeur de métallurgie à l'École centrale des arts et manufactures. **Cours de métallurgie** professé à l'École centrale. 1 vol. in-8° avec 1 atlas in-folio de 140 planches.................. 80 fr.

— Le même. Publié en anglais par l'auteur lui-même. (Sous presse.)

PERCY (Dr), professeur à l'École des mines de Londres. **Traité complet de métallurgie,** comprenant l'art d'extraire les métaux de leurs minerais et de les adapter aux divers usages de l'industrie. Traduit avec l'autorisation et sous les auspices de l'auteur, avec introduction, notes et appendice, par A.-E. Petitgand et A. Ronna, ingénieurs. 5 vol. grand in-8°, avec de nombreuses gravures.............. 75 fr.

Chaque volume se vend séparément........... 18 fr.

Tome I. — Introduction. — Notions générales. — Combustibles. — Lavage des charbons. — Fours à coke. — Produits réfractaires. — Appendice.

Tome II. — Propriétés physiques et chimiques du *fer*. — Description des minerais. — Analyse des minerais. — Essais des minerais. — Traitement direct.

Tome III. — Fabrication de la *fonte*. — Hauts fourneaux. — Procédés d'affinage et de finage de la fonte. — Appendice.

Tome IV. — *Fers*. — Fours et chaudières. — Appareils mécaniques. — Fers bruts, finis, laminés et spéciaux. — *Aciers*. — Constitution chimique et travail des aciers. — Acier fondu. — Procédés Bessemer, etc. — Résistance des fers, fontes et aciers.

Tome V. — *Cuivre et zinc*. — Première partie. — Propriétés physiques et chimiques. — Minerais et essais. — Méthodes de traitement. — Influence des métaux étrangers. — Doublage des navires. — Laiton.

GOSCHLER, ingénieur. Traité pratique de **l'entretien et de l'exploitation des chemins de fer**, à l'usage des ingénieurs, des agents de chemins de fer, des constructeurs et fournisseurs de matériel, et des élèves des écoles spéciales, comprenant des notions générales sur les études, les tracés et la construction des chemins de fer, et sur leur entretien et leur exploitation. 4 gros volumes in-8°, avec de nombreuses gravures dans le texte, et 1 atlas in-8° de 35 planches. Nouvelle édition.

En vente : les tomes I et II avec l'atlas, comprenant tout le service de la voie. 32 fr.

Les tomes III et IV se réimpriment : ils formeront peut-être plus de 2 volumes.

Paris. — Typographie A. Hennuyer, rue du Boulevard, 7.

www.ingramcontent.com/pod-product-compliance
Ingram Content Group UK Ltd.
Pitfield, Milton Keynes, MK11 3LW, UK
UKHW022112190726
13855UKWH00002B/817

9 782013 412537